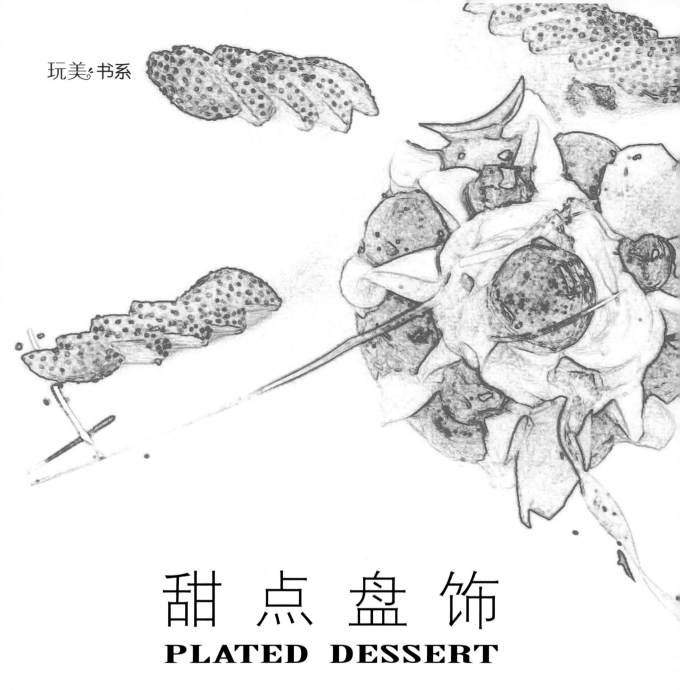

玩美书系

甜 点 盘 饰
PLATED DESSERT

La Vie编辑部　组编

青岛出版社
QINGDAO PUBLISHING HOUSE

CONTENTS | 目录

总论

Concept

1.

甜点盘饰╳基本概念

甜点盘饰是从食材角度出发形成的美学风格，以灵感为名，以味觉主体为核心，借由空间构图、色彩造型设定，创造甜点的细腻平衡，为食用者构筑美好享受的情境，开启一场有温度的对话，传达创作者的初心。人气甜点法朋烘焙坊的主厨——李依锡，通过多年经验的累积，为初学者归纳了几条成品甜点盘饰的基本概念。

- - - - - - - - - - (**chef**) - - - - - - - - - -

李依锡，现任 Le Ruban Patisserie（法朋烘焙甜点坊）主厨。曾任香格里拉台南远东饭店点心房、大亿丽致酒店点心房、古华花园饭店点心房的主厨。对于法式甜点有着无限的迷恋与热情，并持续创作出令人惊艳与喜爱的甜点。今天，他不吝于传授专业知识与经验，让大家能更轻松地进入甜点的世界。

Inspirations
灵感&设计

●从模仿开始到找到自己的风格

一开始练习摆盘，建议从模仿开始，选择自己喜欢的风格下手，揣摩作品的设计结构、色彩等细节后，慢慢开始尝试各种摆盘方法，思考一样的素材能有怎样不同的创意，学习自己想要表达的美感。

●结构设计

摆盘一般分为两种类型：一种是通过各种小份的食材组合而成；另一种则是成品的摆盘，这也是初学者能够快速开始学习的类型。此种摆盘要特别注意清楚表达成品的样貌，不要为了填满空间而装饰。例如，已经摆了巧克力就不要再添加水果、酱汁等等不相关、没有意义的装饰抢去风采，通过做减法突显主体。还要记得整体构图的聚焦，例如主体如果足够明显，就将装饰往外摆，并且不要忽视立体感，可以使用不同角度或多重堆叠的手法呈现。

●色彩搭配

颜色搭配有两个基本原则：一是使用对比色强调主体；二是使色调协调，盘上的色彩不会彼此互相掩盖。找到视觉的重心，让画面得以平衡，并尝试画龙点睛的效果。

Plates
器皿

● 线条
简单的线条能够突显主体；若盘子的线条复杂，则搭配简单的主体，减少画盘、饰片等装饰物。

● 材质
器皿的材质能够传达不同的视觉感受，例如选择玻璃盘，能带给人透亮、清新、新鲜的感觉；木盘则能予人质朴、自然的感觉，等等。

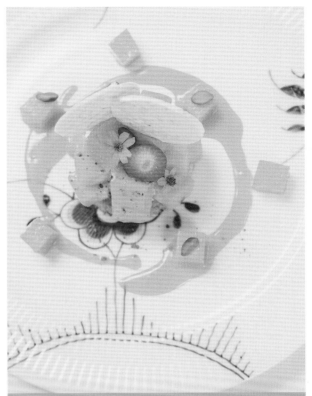

Ingredients
装饰材料

选择摆盘的装饰物时，要特别注意装饰物应和甜点主体的味觉搭配一致，摆放的东西建议要和主体相关。例如在盘面撒上肉桂，却发现蛋糕与肉桂完全无关，这样就不太恰当。试着由视觉延伸到味觉，使食用者看到装饰材料就知道主体的内容物是什么，到吃的时候，感觉才有连贯性，这才是盘饰的意义。

Steps
操作、摆放的重点

● 摆放位置 & 方向
要特别注意，盘面上各个食材不要彼此遮挡，同一个位置不能摆放两种材料，要让每个摆设都能发挥它的作用，只要遵照一个原则就可以：由后往前，由高到低，以平视视角一眼望去，能看到多层次的效果。

● 主体大小 & 角度
主体大小与盘面和装饰物的比例很重要，要思考呈现出来的效果，让主体小的甜点精巧，或者通过大量堆叠呈现硕大的美感。而主体摆放的角度，则是传达其特色的方法，让食用者一眼即能了解其结构、色彩与食材搭配。例如切片蛋糕通常会以斜面摆放呈现其剖面结构。

● 画盘方法
画盘的基本原则是不要让画面显得脏乱，特别是与甜点主体做结合的时候，要先观察是否会弄脏、沾染到饰片，再调整操作时的先后顺序。

2.

甜点盘饰╳色彩搭配与装饰线条

色彩的运用是触动味蕾的重要因素，因此在摆盘的色彩选择上，侯布雄法式餐厅的甜点行政主厨——高桥和久建议初学者，首先要考虑到食材本身的颜色，不要让食用者的视觉感到突兀，造成画面不协调。通常选用色系相近的食材，会让画面感觉舒服。如果初学者想尝试大胆的配色，在比例与呈现上就要特别小心。

Color—Harmonious&Contrast

基本配色方法——同色系&对比色

色彩搭配的方式有两种：一种是以同色系来搭配，属于比较温和、减少感官冲突的选择，例如巧克力本身是深褐色，相近的色调包括米色、黄色、橘色等，如焦糖、芒果、栗子等食材，都是巧克力搭配同色系不错的选择；另一种是以对比色来呈现，视觉上给人较大的冲突感，但是只要搭配得当，也会特别抢眼，例如褐色，就可以通过绿色、蓝色的食材来衬托。但是，天然食材很少是绿色或蓝色的，如果为了设计而故意选择特殊的颜色，或许整个摆盘看起来很漂亮，却完全让人提不起食欲，失去了甜点作为食物的意义。

--------- chef ---------

高桥和久，自幼对甜点就有高度热忱，从 Ecole Tsuji（辻静雄酒店管理学校）毕业后便投身甜点世界。2005年，年仅 26 岁的高桥便获得世界名厨 Joël Robuchon（乔尔·侯布雄）的赏识，成为他旗下的得意弟子，目前担任台北侯布雄餐厅的甜点行政主厨，继续传承 Joël Robuchon 的料理精神。

Decorations—
Shape
小巧的装饰提升精致感

有时候，色彩的搭配是一种呈现方式，使用小巧的
装饰或修饰也可以提升甜点的精致度。例如酱汁的
呈现，可以利用一个容器盛装，也可以摆放在食材
旁边，或者是直接淋在食材上。如果是把酱汁当作
线条来呈现，粗的线条与细的线条，直线或曲线，
都会影响作品整体的表现。除了使用线条，高桥
主厨也会做一些点缀，例如在巧克力上加一点点金
箔，就能提升甜点的豪华感，不一定都要从色彩
上去突显想要表达的意境。用心观察，学习使用
一点小技巧，就可以了解每种甜点摆盘所要表达
的意念。

Color—
Ingredients
以食材为出发点选择颜色

决定色彩如何搭配，要以食材为出发点，先决定好
主要食材，再反观心中想要呈现的画面或风格。风
格的选择可以从很多角度找到灵感，像是以盘子的
造型去想象，或是以大自然风景为走向，抑或从主
食材中寻求灵感。多方面的取材，有助于自己的摆
盘设计与配色选择，有别于传统甜点摆盘的严谨，
现代的摆盘设计比较偏向个人化及自由挥洒。但
是，高桥主厨建议摆盘之前，要先想象食用者吃甜
点时的画面，对方会有怎样的表情与感受，而不是
为了要做盘饰就特立独行、故意颠覆。要用心为吃
的人完成甜点，不论是口感还是摆盘，这是创作者
制作甜点的初心。

3.

甜点盘饰╳灵感想象与创作

如何通过盘饰创作表达想象？亚都丽致巴黎厅 1930
的法国籍主厨 Clément Pellerin 擅长传统法式料理
融合分子料理，让每一道料理或是甜点都像艺术品
般奇妙。他主张忘掉摆盘、忘掉构图，不要一开始
就被盘饰的造型与构图局限，选定食材，再通过从
生活中汲取灵感，并搭配适合的器皿，不断尝试、
修正，直到贴近脑中想表达的画面为止。

- - - - - - (chef) - - - - - -

Clément Pellerin，生于法国诺曼底，具有烹制传统法
式料理的扎实背景，曾于巴黎两间侯布雄米其林星级
餐厅工作，也曾服务于爱尔兰、西班牙等国的高级法式
料理餐厅，并在上海、曼谷等地的酒店担任过主厨，擅
长从不同文化中发掘灵感，目前为亚都丽致巴黎厅 1930
的主厨。

Skills—
Observation
从模仿观察开始，学习盘饰技巧

盘饰的技巧要通过实际操作学习，主厨
Clément Pellerin 建议初学者从模仿开
始，观察其他主厨操作的手法：例如要怎
样做线条呈现出来的感觉才是具有流动感
的，或是粗犷的、柔美的；利用模具、食
材的特性，配合食器、裁切塑形的堆叠技
巧；不同色彩搭配带给食用者的感受……
从模仿中体会主厨的思考方法与技巧运用，
慢慢磨炼自己的手感与技巧使用的灵活度。

PLATE OR NOT

从器皿选择思考，打破一般现有器皿的限制

器皿是传达整体画面的重点之一，以黑森林蛋糕为例，较常见的造型为 6 寸或 8 寸的圆形，以白色瓷盘盛装，会给人简洁、利落的形象；但若选用大自然素材，将树木切片作为木盘，重新解构传统的黑森林蛋糕，巧克力片如叶、巧克力酥饼如土，模拟森林画面，营造出自然原始的气息，并带出其主题概念，将整体视觉合而为一，则赋予了传统甜点新的面貌。打破现有器皿的限制，尝试不同素材、质地，通过选择如石头、树木等自然生活中可见的各式各样的素材，联结使用的食材，呈现脑中灵感。

LIVE A LIFE

以生活为灵感，用旅行累积创作想象

走访世界各地的 Clément Pellerin 主厨，热爱体验新事物，也热爱东方文化，多年前曾毅然决然到中国武当山上学习武功，因而静心思考。面对料理他也能回归事物、食材的本质，以生活为灵感，将所思所想载于笔记中。在厨房里的小白板上写满了天马行空的创作想象，他善用当地食材，从食材本身想象，通过整体创作展演，让画面联结记忆，记忆触动味蕾，传达甜点盘饰最初的意义。

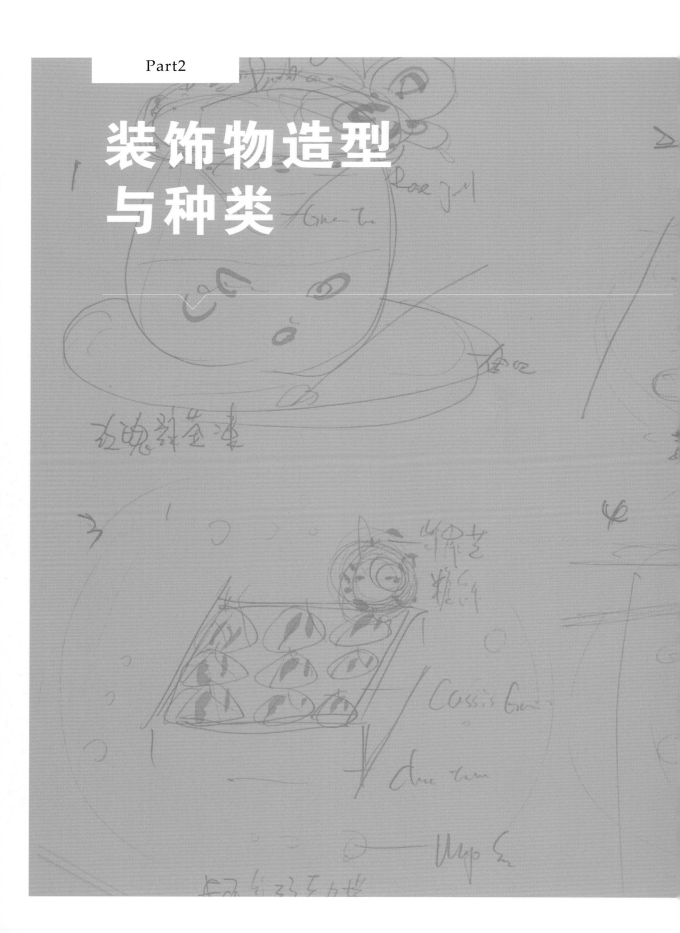

Part2

装饰物造型
与种类

Decorations

CHOCOLATE
造型巧克力片

巧克力化开后可塑成各式各样的造型，能够简单装饰甜点，味觉上也方便搭配。可配合使用刮板做成长条纹、波浪状；使用抹刀、汤匙抹成不规则片状；利用模具塑成特殊造型；撒上开心果、覆盆子、熟可可粒增加口感和立体感；将巧克力酱做成挤酱笔，画出各种图样，或者利用转印玻璃纸印上不同花纹。

COOKIE
造型饼干

装饰甜点的造型饼干多会做得薄脆，避免太过厚重而抢去甜点主体的味道和风采。造型饼干具有硬度，能够增加甜点的立体感，延伸视觉高度，其酥脆的口感也能带来不同层次的享受。

MERINGUE COOKIES
蛋白霜饼

蛋白与细砂糖高速打发后便成了蛋白霜，能直接用裱花袋挤出装饰甜点。使用不同花嘴可挤成水滴状、长条状等各式造型，平铺后烘烤带来酥脆的口感，能装饰甜点，并增加立体感与口感。也可加入不同材料制成不同颜色，增加整体色彩的丰富度。

EDIBLE FLOWER & HERBS

食用花卉＆香草

食用花卉色彩缤纷亮丽、姿态柔美；香草则富有香气、鲜绿自然。两者小巧精致，能为甜点带来活力与生命力。

1. 红酸模叶 2. 繁星 3. 美女樱 4. 石竹 5. 三色堇 6. 紫苏叶 7. 冰花 8. 罗勒叶 9. 百里香叶 10. 茴香叶 11. 芝麻叶 12. 迷迭香 13. 万寿菊 14. 柠檬草 15. 夏堇 16. 葵花苗 17. 菊花、柠檬百里香 18. 牵牛花 19. 玫瑰花瓣 20. 法国小菊 21. 桔梗、天使花 22. 巴西利 23. 薄荷 24. 金线草

SUGAR
糖饰

糖饰分为糖片、珍珠糖片、拉糖、流糖、珍珠糖、造型糖等，透明具光泽的外形能带来精致高雅之感，并延伸立体感。或染上不同的颜色，可增加整体色彩的丰富度。要特别注意的是，糖饰通常薄而易碎，盘饰时要小心轻拿，并注意欲装饰的主体情况，看是否因太过坚硬而无法插摆。需要等待糖浆冷却凝固成型后才能用于装饰。糖饰放在密封容器内最多只能保存一天。

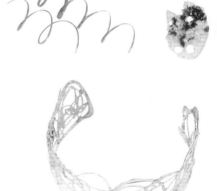

GOLD LEAF & SILVER LEAF
金箔 & 银箔

色泽迷人的金箔和银箔常用于点缀，适用于各种色调的甜点，彰显奢华、高雅之感。

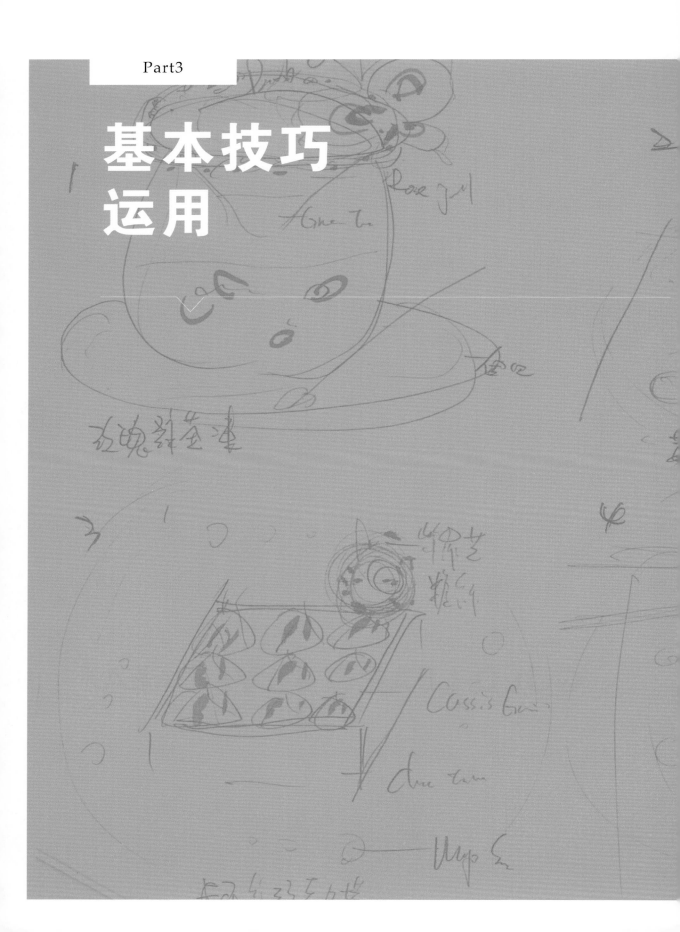

基本技巧
运用

Skills

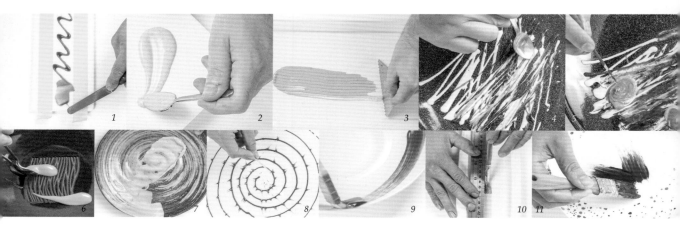

□ 刮

1. 利用纸胶带定出界线，并均匀挤上酱汁，最后再以抹刀刮出斜纹。

2. 汤匙舀酱汁，快速用匙尖刮出蝌蚪状。

3. 使用三角形刮板，刮出直纹线条。

4. 利用匙尖将酱汁刮成不规则线条。

5. 使用刀尖或牙签等尖锐的工具将酱汁混色。

6. 汤匙舀酱汁，断续刮出长短不一的线条。

7. 使用抹刀，顺着不规则盘面，将酱汁结合盘面抹出不规则状的线条。

8. 使用牙签刮出放射状。

□ 刷

9. 使用宽扁粗毛刷。

10. 使用毛刷搭配钢尺画成直线。

11. 使用粗毛刷沾上浓稠酱汁，画出粗糙、阳刚的线条。

12. 使用硬毛刷刷上偏液态的酱汁。

13. 使用毛刷搭配转台画圆。

□ 喷

14. 使用喷雾，增加画盘的色彩。

□ 甩

15. 汤匙舀酱汁，手持汤匙呈垂直状，手腕控制力量，甩出泼墨般的线条。

□ 挤

16. 使用透明塑料袋作为裱花、挤酱的袋子。

17. 使用挤酱罐，将酱汁挤成点状或者画成线条。

18. 使用专业裱花袋，方便更换花嘴。常见花嘴有圆形花嘴、星形花嘴、圣欧诺花嘴、蒙布朗多孔花嘴、花瓣花嘴等。

19. 使用挤酱罐，搭配转台，画成圆形线条。

□ 盖

20. 将食用粉末以章印盖出形状。

□ 搓

21. 使用手指捏粉，轻搓于盘面，营造少量、自然的效果。

22. 使用手指捏粉，轻搓于盘面，制成想要的线条、造型。

□ 模具

23. 使用中空圆形模具搭配转台，画出漂亮的圆。

24. 使用 Caviar Box（仿鱼卵酱工具）将酱汁挤成网点状。

25. 使用筛网搭配中空模具，将粉末撒成圆形。

□ 模板

26. 使用自制模具，并铺垫烘焙纸避免撒出。

27. 以烘焙纸裁剪成想要的造型，撒上双层粉末。

23　　　24　　　25　　　26　27

TIPS

☐ **均匀食材**

1. 可用手轻拍碗底，让酱汁均匀散开。
2. 可用手掌慢慢将颗粒状的食材摊平。
3. 轻敲垫有餐巾的桌面，将酱汁整平。

1　　　2　　　3

☐ **替代转台**

将盘子放入托盘，置于光滑桌面上高速转动，然后手持裱花袋在正中央先挤 3 秒，再以稳定速度往外拉。

1　　　2

Skills | # 增色技巧

☐ **使用镜面果胶**

1. 增加慕斯表面的光泽度，也便于粘上其他食材、装饰品。
2. 增加水果的亮度，保持表面光泽，防止干燥。

☐ **烘烤**

3. 使用喷枪烘烤薄片，使其边缘焦化，让线条更明显。
4. 甜品撒上糖后再以喷枪烘烤，除了能够增加香气外，也能让食材的色彩更有层次。

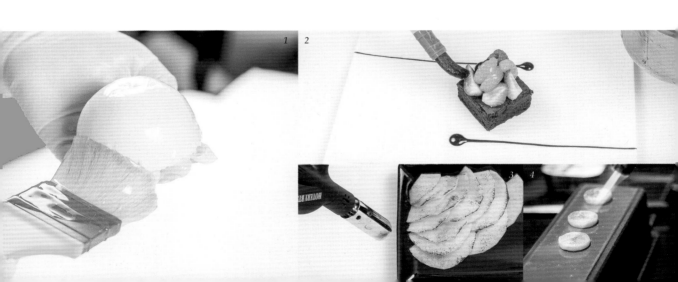

1　2　　　3　4

1　2　3　4　5　6

Skills | 固定及塑形技巧

☐ **烘烤**

1. 易于软化的食材如蛋白霜，可烘烤固定其形状。

2. 可利用吹风机软化，将饼干的薄片等塑成想要的形状。

☐ **使用模具**

3. 使用中空模具，将偏液态、偏软的食材在内圈塑形。

4. 使用中空模具，将食材在外圈排成圆形。

☐ **裁切**

5. 将食材裁切成平底，方便贴合盘面，适于摆盘。

☐ **冷却**

6. 因甜点盘饰常使用冰激凌或者急速冷冻的手法，为避免上桌时化开，可于盘饰完成后倒上液态氮冷却定型。

☐ **挖勺**

7. 将冰激凌挖成圆球形。

8. 用长汤匙将冰激凌、雪酪或雪贝挖成橄榄球状，摆上盘面前可以用手掌摩擦汤匙底部，方便冰激凌快速脱落，避免粘在汤匙上。

☐ **黏着、防滑**

9. 使用镜面果胶黏着。

10. 使用水饴或葡萄糖浆，透明的液体可不着痕迹地粘上装饰物或金箔、银箔，有时也可作为花瓣露珠的装饰。

11. 使用酱料固定食材，或可蘸取该道甜点使用的酱料，将食材粘在适当的位置。

12. 使用饼干屑、开心果碎或其他该道甜点所需的碎粒状干燥食材，增加摩擦力，固定易滑动的冰品。

TIPS

若要颗粒状食材排成线条，除了利用工具，也可以用手掌自然的弧度帮助整理线条，使其更漂亮。

7　8　9　10　11　12

Skills | 酱汁及粉末使用技巧

□ 撒粉

1. 以指尖轻敲筛网，控制撒粉量。
2. 以指尖轻敲筛网，铺垫纸于盘子下方，便能撒至全盘面。
3. 使用撒粉罐。
4. 以笔刷轻敲筛网，控制撒粉量。
5. 以汤匙轻敲筛网，控制撒粉量。
6. 以笔刷蘸粉，轻点笔头，控制撒粉量。

□ 刨丝、刨粉末

7. 使用刨刀，将柠檬皮刨成丝，使香气自然溢出。
8. 使用刨刀，将蛋白饼刨成粉末状。

□ 挤酱、淋酱

9. 使用滴管吸取酱汁，控制使用量。
10. 使用针筒吸取酱汁，控制使用量。
11. 使用镊子夹取酱汁，控制使用量，使其能自然滴成大小不一的点状。
12. 使用挤酱罐。

TIPS

可利用抹刀定出酱料预挤的量与高度，搭配裱花袋或挤酱罐，方便控制使用量。

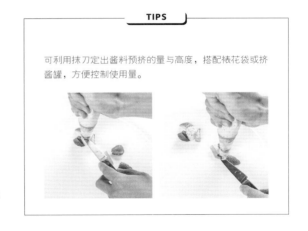

实例
示范

Plated Dessert

Plated Dessert

SNACK

小 点

Le Ruban Pâtisserie 法朋烘焙甜点坊 — 李依锡 主厨

玻璃盘小果园
童趣缤纷讨喜

以果树为灵感，配合透明玻璃盘，传达水果软糖透亮缤
纷的清新气息。将水果软糖排列成小方阵，使软糖即使
色彩多样，仍因四方外形与排列得一致显得整齐耐看。
再点缀插有迷迭香、模拟小树造型的黑醋栗，增加盘面
立体感，也展现天真活泼的趣味，呈现兼具可口、悦目
与赏心的创意摆盘。

■ Plate
器皿

玻璃方盘

外观简单清澈的玻璃盘，宛如家常水果盘，其雾面有
光泽，如冰块般能衬托水果软糖的缤纷清新感，清楚
展示每一颗小软糖，自然协调。

■ Ingredients
材料

A　迷迭香
B　新鲜覆盆子
C　青苹果水果软糖
D　黑醋栗水果软糖
E　血橙水果软糖
F　草莓水果软糖
G　香草凤梨水果软糖
H　奇异果水果软糖
I　覆盆子水果软糖

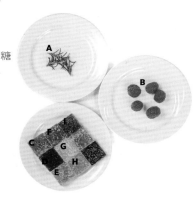

■ Step by step
步骤

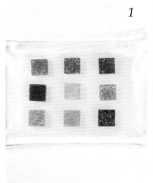 *1*

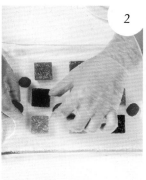 *2*

 *3*

1. 将九颗水果软糖色彩交错，整齐排列于玻璃盘，呈方格状。

2. 在水果软糖的空隙间点缀数颗覆盆子。

3. 在每颗覆盆子的顶端插上迷迭香，完成摆盘。

通过小盘面与堆叠手法聚焦
强化小型甜点的存在感

一咬开便爆出浓烈香气的樱桃酒糖，适合搭配黑咖啡或者莓果茶享用，一同作为餐后的完美结尾。选择圆形的扁平银盘，利用堆叠手法和小盘面聚焦，强化一颗直径约 2.5 厘米的小糖果的存在感。而盘面的金属材质，也能为盘中的糖果打上一道聚光灯。

● 德朗餐厅 — 李俊仪　甜点副主厨

器 皿

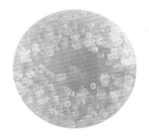

圆形小银盘

小巧的圆形、扁平状银盘，表面带有手工敲制的痕迹，再加上雾面金属材质，能反射灯光，为小点打上光泽。除了呼应樱桃酒糖的圆润外形外，金属材质也予人冰凉清爽的视觉感受。

■ Ingredients
材 料

A 樱桃酒糖

■ Step by step
步 骤

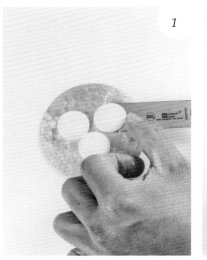

1

2

1. 用抹刀将三颗樱桃酒糖以三角构图摆放，使底部稳固。

2. 再将一颗樱桃酒糖叠放在另外三颗酒糖中间。

闪烁迷人光泽
小巧粉绿的可口呼唤

小巧可爱的青苹果棉花糖，特别制成青苹果的造型，
缀以新鲜苹果条，同时传达其味道，再衬以银质花
盘、花瓣呼应其可爱的样貌。银质盘面除了调和可爱
的外形，增添成熟气质，也能反射光线，为棉花糖表
面的果胶质地打上一道苹果光，让酸甜可口的小点散
发迷人光泽，如同爱情的滋味。

德朗餐厅—李俊仪
甜点副主厨

■ Plate

器 皿

花瓣形银盘

花瓣造型的小银盘，存在感强烈，表面带有手工敲制
的痕迹，再加上光面金属材质，会反射出粼粼波光，
为同样造型精致小巧的青苹果棉花糖打上了光。

■ Ingredients

材 料

A 青苹果棉花糖
B 青苹果条

■ Step by step

步 骤

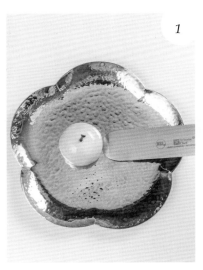

1. 用抹刀将青苹果棉花糖置于盘中偏左。
2. 用镊子夹两根青苹果条，以"X"状交叠于盘中偏右。

平行线条创造协调跃动感
深褐、莓红与黄的交织　明亮温暖

主厨想用前菜的概念来呈现甜饺，制造甜咸替换的惊喜感，因此选用前菜最常使用的长方盘来摆盘。用口味上与巧克力相当契合的季节性食材南瓜酱作为大面积衬底，刮出色彩明亮、抢眼的中线，放上简单整齐、错落排列的巧克力糖果饺，一深一浅强烈对比的暖色系，搭配上下两侧的细线，以野莓、玉米脆片织成花边，整体食材与酱汁的配置呈现简单的三条水平直线，利用不同延伸方向制造跃动感，充分体现出地中海料理简单、自然、舒服的风格。

維多利亚酒店 | Chef Marco Lotito

■ Plate --
器皿

白色长方盘

有盘缘、中等大小的长方盘能给人以安定、平和之感，与主角——深褐色的巧克力糖果饺调性吻合，简单舒服。也适合盛装小点、前菜，表现主厨变换咸食为甜食的惊喜错觉。

■ Ingredients --
材料

A 南瓜酱
B 蓝莓
C 覆盆子
D 巧克力糖果饺
E 覆盆子酱
F 玉米片
G 综合野莓酱汁

■ Step by step --
步骤

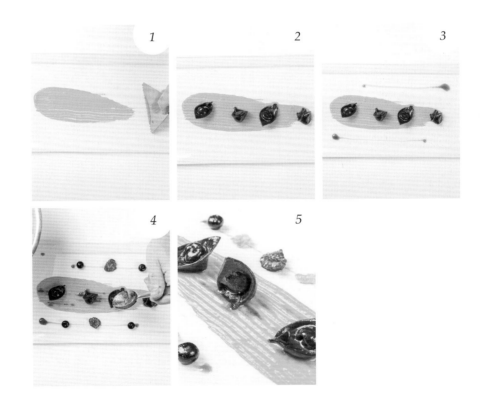

1. 将南瓜酱舀至长方盘左侧，用三角刮板由左向右刮成长条状。

2. 用镊子将巧克力糖果饺以四等分方式，倒立交错放在南瓜酱上。

3. 在长方盘下方及上方空白处，将覆盆子酱挤出并拖曳成长条状。

4. 在两条覆盆子酱上各放上两颗蓝莓和剖半的覆盆子，并在巧克力糖果饺上淋一些综合野莓酱汁。

5. 将四片玉米片放在覆盆子和蓝莓中间。

温暖幸福的美丽珍珠糖球
以双盘托出高贵气场

这道甜点使用产于夏季的杏桃 (Apricot)，有着黄澄澄的果肉，给人温暖、明亮的感觉，在拉丁文中是"珍贵"的意思，因此作为盘饰的主调来打造。金黄色的糖球置于具有凹槽的双大盘中间，透明气泡玻璃盘营造清透、明亮的氛围，而白色大圆盘置底增加气势，一层一层以圆聚焦，衬托其精致和光芒。画盘和装饰同样以金色、黄色线条呼应，并简单以新鲜杏桃表明酱汁口味，薄荷泡泡与玻璃盘的清新梦幻融为一体，最后再缀上亮色系的薄荷和石竹，整个就像一颗在夏日的海边发现的美丽珍珠，散发着简单却又幸福的光芒。

■ Plate

器 皿

透明玻璃盘　　　　　白色大圆盘

这道甜点的主体——糖球，里面包含多种酱汁馅料，
在食用时会爆裂流出，因此选用有深度的凹槽盘子盛
装。透明玻璃盘本身有不规则气泡，能够制造出清澈
澄透的感觉，用白色大圆盘衬底，避免玻璃盘显得单
薄，也能放大既有的盘面，让画面更有层次和气势。

■ Ingredients

材料

A　糖球
B　薄荷叶
C　柠檬奶油酱
D　杏仁冰激凌
E　开心果粉
F　杏桃酱
G　石竹
H　薄荷泡泡
I　柠檬优格酱
J　杏桃
K　香草布蕾酱

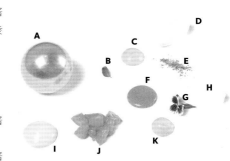

■ Step by step

步 骤

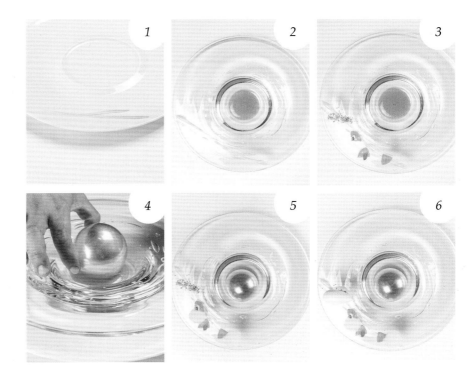

Tips:
步骤1中金粉加酒精，
可以顺滑地画出线条。
不使用水的原因在于：
酒精易挥发，能让画盘
快干定型。但酒精会影
响甜点口味，不适合食
用，所以只在非食用范
围内使用。

1. 金粉加一点酒精，在白色大圆盘上方由粗到细画出
两条交叉线条。

2. 透明玻璃盘置于白色大圆盘上。在透明玻璃盘盘底
中央挤杏桃酱，再用汤匙挖取柠檬奶油酱，在玻璃
盘右上角画线条装饰，线条角度与白色大圆盘装饰
一致，上下呼应。

3. 杏桃切三小块，分别沿着柠檬奶油酱线条的上半部
分摆放，第二块上面放薄荷叶，第三块上面放石竹，

最后在下半部的线条上面撒一些开心果粉，以固定
杏仁冰激凌。

4. 将已经从底部填入香草布蕾酱、柠檬优格酱、杏桃
内馅的糖球，摆在盘底杏桃酱上面。

5. 用汤匙取薄荷泡泡，点缀在线条上端及下面两个杏
桃中间。

6. 用汤匙将杏仁冰激凌挖成橄榄球状，斜摆在开心果
粉上面。

宽边金盘大气衬托精巧小点
包藏惊喜的苹果糖球

将造型简单的糖球塑形为苹果造型，再灌入草莓泡泡、柠檬泡泡、草莓雪贝，使其呈现淡淡的金属粉色，衬以绿色苹果片，两相对比、托高。使用奢华、大气的金色宽边白盘，让整体呈现平衡的圆形三分法，一圈一圈向内聚焦，让精巧的小点不因简单的装饰而显得单调。除了盘饰给予的华丽视觉享受，品尝时还能享受击碎后流泻出的冰凉与清脆交织出的丰富绝妙口感。

盐之华法国餐厅 ｜ 黎前君 厨艺总监

器 皿

金边大圆盘

白色大圆盘带有金色宽边，镂空设计，黑色金色交错，予人奢华与贵气的强烈感受。宽版的金边则可以简单聚焦体积小巧、造型简单的红苹果糖球，各占1/3 面积以平衡视觉，营造大气利落的感觉。

材料

A 草莓泡泡
B 柠檬泡泡
C 草莓雪贝
D 气球造型糖球
E 苹果片
F 玫瑰花瓣糖
G 苹果造型糖球

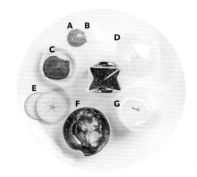

步 骤

1

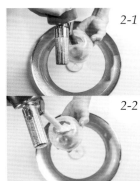

2-1

2-2

3

Tips：
制作糖球时，需留意糖球的厚度，尽可能使其薄透，一来透明度更高，二来能让享用时的口感更佳。若糖球太厚，食用时易割伤口腔，要特别小心。

4

5

1. 苹果片放在盘子正中央为底。

2. 依次将草莓泡泡、草莓雪贝、柠檬泡泡灌入苹果造型糖球中。

3. 将步骤 2 完成的苹果造型糖球叠放在苹果片上。

4. 将气球造型糖球模具插上竹签，用以装饰和方便固

定位置。

5. 以苹果糖球为中心，周边平均距离放上数片玫瑰花瓣糖。可于上桌时，将步骤 4 完成的气球造型糖球模具插在袋子造型的瓷器中，增加视觉的丰富性。

空气感盘饰
色调清淡画面简单

味觉层次丰富的糖球，透明易碎并有着粉嫩色泽，完美球体予人纯净梦境的想象。衬以两条等距平行的 porto 酒酱线条，创造绵延的视觉感受，再以简单的三角结构放上切成薄片的甜桃与浅紫色果冻，一旁则自然散落些许薰衣草。整体色彩以紫红色为基调，浅淡而明亮，勾勒出温暖清新的画面。

● Start Boulangerie 面包坊 | Chef Joshua

■ Plate
器 皿

白色浅瓷盘

基本的白色圆盘，面积大而小有弧度，表面光滑，适
合当作画布在上面尽情挥洒，并可大片留白，演绎时
尚、空间感，予人纯净的想象。

■ Ingredients
材 料

A 柠檬馅
B 薰衣草冻
C 烤布蕾
D 薰衣草
E 糖球
F porto 酒酱
G 甜桃
H 野草莓慕斯

■ Step by step
步 骤

1. 用匙尖将 porto 酒酱在盘面中间偏右的位置画上两条粗细不一的直线。

2. 酒酱线条中间，以三角构图斜摆上三片切成角状的甜桃，营造出树叶分岔的感觉。

3. 在 porto 酒酱线条中间，以三角构图斜摆上三小块薰衣草冻，并与甜桃片交错开来。

4. 在糖球中挤入柠檬馅、甜桃丁、野草莓慕斯、烤布蕾。

5. 糖球放在两道 porto 酒酱线条中间偏上位置。

6. 在盘面的左半边撒上薰衣草。因为主要起装饰作用而非食用，所以应与右边的甜点拉开一点距离。

德朗餐厅 — 李俊仪 甜点副主厨

厚实木质提升分量感
真心诚意献上珍藏小点

半圆造型的覆盆子荔枝巧克力和 Mojito 橡皮糖，一红一白、一光滑一粗糙，通过最简单的摆盘手法，交错摆放成一条直线，营造自然的跃动感，再缀以薄荷叶片和覆盆子，呼应木纹长方条器具的自然气息。利落且富有手工质感的黑色长方木条器具，衬托色彩明亮的小点，整体衬托出沉稳的气质。

器 皿

材 料

A 薄荷叶
B 覆盆子
C 橡皮糖
D 覆盆子荔枝巧克力

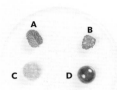

黑色长方木条器具

黑色的长方木器具带有自然树纹，雾面质感，温
润、沉稳。深色表面能衬托明亮色系的食材，而其厚
实材质和方正线条则能加强小点的分量感，有着隆重
献上的真心诚意。

步 骤

1　　　　　　*2*　　　　　　*3*

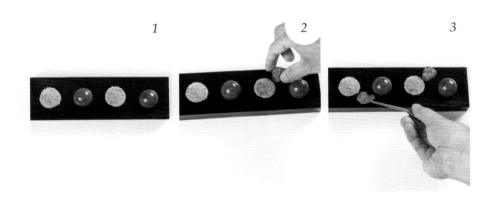

1. 两颗橡皮糖和两个覆盆子荔枝巧克力，平均交错放在黑色木条器具上。

2. 将覆盆子剖半，切面朝上，置于右二橡皮糖的右上方。

3. 镊子夹薄荷叶，点缀于左二覆盆子荔枝巧克力的左下方。

由粗犷至优雅
源自大地最初的感动

以巧克力的生长过程为摆盘创意，完整呈现巧克力各阶段最自然真实的本色。从硕大的巧克力豆荚，到作为盘饰背景的研磨可可豆碎、巧克力豆，乃至主角台湾六味巧克力，都具体而细微地演示了巧克力从无至有，由素朴农作淬炼为精致甜品的系列样态。粗犷温暖的大地色调，既传达了原始动人的土地生命，也烘托了主厨致力于以台湾本身农产品创造创意巧克力，亲近大地与自然真味的用心。

● Le Ruban Pâtisserie 法朋烘焙甜点坊 | 李依锡 主厨

器 皿

方盘

因巧克力种类与数量较多，选择边缘略带高度的方
盘，可清楚陈列食材，还能避免巧克力碎不小心滑出
盘面。

材料

A	绿芯巧克力
B	醍醐巧克力
C	嫣红巧克力
D	红水巧克力
E	白玉巧克力
F	紫辛巧克力
G	可可豆碎
H	巧克力豆荚
I	巧克力豆

步 骤

1. 将可可豆碎倒入方盘，以手掌铺匀，轻压可可豆碎使之平整，作为盘饰背景。

2. 在盘面一角斜摆上巧克力豆荚。

3. 在盘中散置数颗巧克力豆。

4. 在盘中随意摆放台湾六味巧克力，带有红色、金色等鲜艳色调者可置于盘面前方，营造视觉焦点。

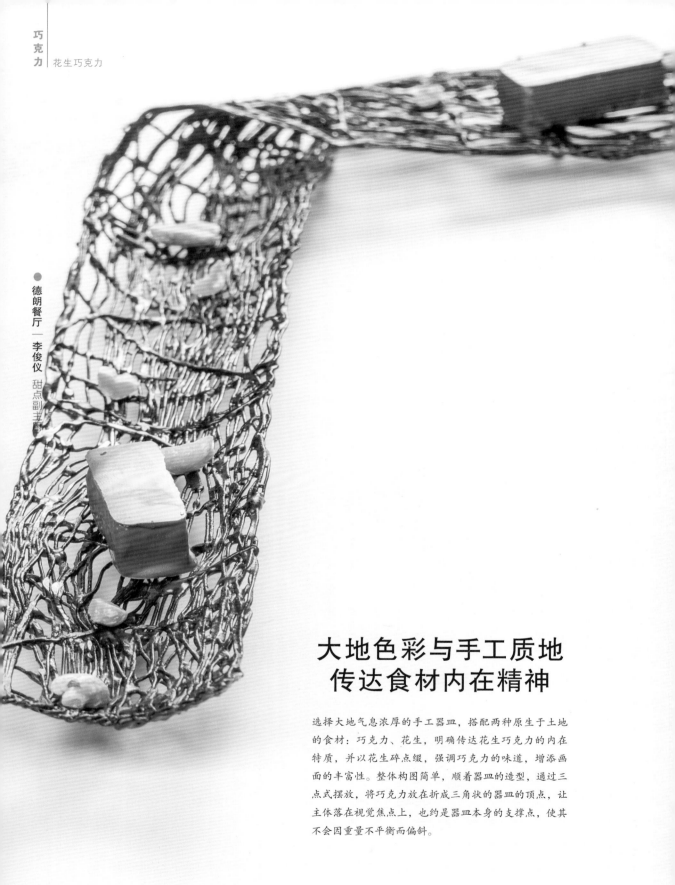

● 德朗餐厅—李俊仪 甜点副主厨

大地色彩与手工质地
传达食材内在精神

选择大地气息浓厚的手工器皿，搭配两种原生于土地的食材：巧克力、花生，明确传达花生巧克力的内在特质，并以花生碎点缀，强调巧克力的味道，增添画面的丰富性。整体构图简单，顺着器皿的造型，通过三点式摆放，将巧克力放在折成三角状的器皿的顶点，让主体落在视觉焦点上，也约是器皿本身的支撑点，使其不会因重量不平衡而偏斜。

器 皿

材 料

A 花生巧克力
B 花生

长条反折金属网状编织器皿

造型独特的手工打造金属器皿，编织线条蜷曲富生命
力，并具有木头般的质感，再加上深褐色衬托花生巧
克力表面的明亮色彩，呼应花生、巧克力土生的特
质，充满大地气息。而其反折的细长造型适合盛放小
点，并构筑成三角状，顶点便成了焦点。

步 骤

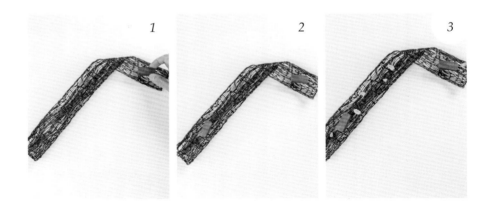

1   *2*   *3*

1. 在器皿的后端顺着其方向，斜放上一块花生巧克力。

2. 在器皿的前端顺着其方向，斜放上一块花生巧克力。

3. 将大小不一、捏碎成一半的花生沿着器皿的中轴线缀满其空隙处。

淘藏金矿
创造寻宝乐趣

灵感源自 1840 年代的淘金热。带有圆滑曲线的白盘，盛装
着金矿贝礼诗榛果巧克力球和焦糖榛果，仿佛在流动的河水
中，淘洗着黑石与金矿。撒上的巧克力酥饼与榛果酥饼，则
代表深浅不一、干湿交杂的泥沙，金箔便是阳光与水折射出
的光泽，凭着天马行空的想象具象化出百余年前的画面，赋
予巧克力神秘色彩。构图摆放上则采用层层铺放的手法，以
榛果冰激凌为底，围绕堆叠起加利福尼亚河边之景，在食用
时也能体验到一层一层反复挖掘、拨散的乐趣。

器 皿

材 料

A 金矿贝礼诗榛果巧克力球
B 巧克力酥饼
C 榛果酥饼
D 金箔
E 榛果冰激凌
F 焦糖榛果

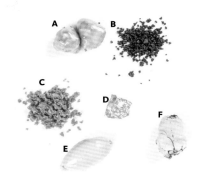

白色曲线圆盘

曲线圆润的白盘，立体如卵石，光滑如水流拂过，与此道甜点的想象画面相吻合。而立体的高盘身与中间的下凹曲线则具有集中聚焦的效果。

步 骤

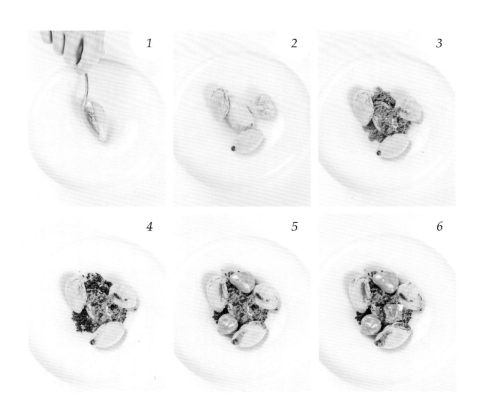

1. 用汤匙把榛果冰激凌挖成橄榄球状，斜摆在盘子中间。

2. 以榛果冰激凌为中心，三角构图摆放焦糖榛果。

3. 将敲碎的榛果酥饼铺撒在榛果冰激凌上。

4. 将敲碎的巧克力酥饼铺撒在榛果酥饼上。

5. 在焦糖榛果构成的三角中的其中两个空白处，摆放金矿贝礼诗榛果巧克力球。

6. 在焦糖榛果构成的三角中的最后一个空白处，铺上一片金箔。

● 亚都丽致巴黎厅 1930 | Chef Clément Pellerin

巧妙运用天然元素
重现大自然无限生机

注入南投龙眼蜜的蜂巢状白巧克力、草菇状蛋白霜、青苔色
的姜汁柠檬酥饼与抹茶巧克力粉，模拟森林里生机盎然的种
种。再巧妙地运用苹果树树皮、松树枝、三色堇，将这三种
天然素材交错搭配，真假之间重现大自然景致。整体构图以
蜂巢状白巧克力为主体，用松树枝托出高度，其他食材以三
角结构围绕；色彩则采用清新跃动的黄色、绿色，最后缀以
对比强烈的紫色三色堇，视觉上展现无限的丰富感。

器皿

苹果树盘

原是整片苹果树皮，坊间多用来作为居家装饰，将其裁切为长方形，便成了甜点盘。树皮凹凸不平的质地充满原始粗犷味道，能有效固定食材，进行堆叠摆放。虽不适合作画盘，但可以通过喷抹茶巧克力粉打亮深色背景，聚焦主题，并营造出有如青苔附着的自然样貌。

材料

A 三色堇
B 姜汁柠檬酥饼
C 香草冰激凌
D 可可粉
E 蜂巢状白巧克力
F 龙眼蜜
G 桂花蛋白霜
H 松树枝

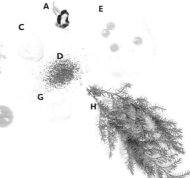

步骤

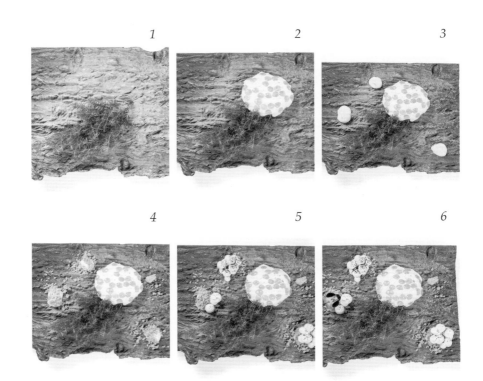

1. 在苹果树盘表面喷上抹茶巧克力粉，做出如青苔附着的样貌，接着将松树枝斜摆在中间偏上方。

2. 白巧克力蜂巢凹陷处挤上龙眼蜜，模仿天然蜂巢状。再将其上方与松树枝的梗交叠。

3. 用汤匙挖香草冰激凌，以三角构图使其自然滴落在盘子上，目的是固定其他食材并做好第一层的构图定位。

4. 将敲碎的姜汁柠檬酥饼铺撒在香草冰激凌上，以及白巧克力蜂巢左侧。

5. 将蕈菇造型的桂花蛋白霜粘在香草冰激凌上，并以筛网在表面撒上少许可可粉，点缀呼应盘面颜色。

6. 三色堇插在最右侧的桂花蛋白霜旁。

特殊子母盘比拟星球团圆
一大一小彼此牵引

意籍主厨以中国的中秋节为灵感，将造型特殊的子母盘想象为行星和卫星，黑巧克力慕斯球是行星，底下衬意大利甜点的经典食材蛋白霜和中国台湾水果——百香果，托高主体。百香果的酸和蛋白霜的甜，巧妙地以异地食材的结合隐喻乡愁。香草冰激凌是卫星，绕着行星转，而螺旋巧克力棍串起行星与卫星，像是引力牵引着。整体采用白色、褐色、金色、黄色与大量的圆形造型，创造星空宇宙的感觉，体现圆满。

维多利亚酒店 | Chef Marco Lotito

器皿

子母白凹盘

造型特殊的白盘，一大一小的子母凹槽和蛋形外观，一体成型方便搭配，以此比拟为行星与卫星，置入球体食材，盘缘便成了滑动的轨道，以大小清楚呈现主配角。而具深度的凹槽，可以盛装易融化的冰激凌和酱汁，避免溢出。

材料

A 蛋白霜
B 金箔
C 百香果酱
D 黑巧克力慕斯球
E 螺旋巧克力棍
F 香草冰激凌

步骤

Tips:
在盘饰有巧克力、冰激凌等易融化的食材时，要特别注意温度、湿度和时间的掌握，避免影响其外观和口感。

1. 用汤匙将百香果酱填入母凹槽中，至 1/4 的高度。

2. 将三个蛋白霜呈三角形摆放在百香果酱上。

3. 将黑巧克力慕斯球放在三个蛋白霜上。

4. 用镊子将金箔缀饰在巧克力球顶端。

5. 挖一粒香草冰激凌球至子凹槽中。螺旋巧克力棍一端搭在巧克力球上，另一端搭在香草冰激凌上即成。

金球的秘密
圆与球、完美与破坏、冷与热

大大的金色球体、大大的圆形白汤盘以及由外而内一圈一圈盘缘与巧克力酱的螺纹，将视线带入中间主体引起好奇，上桌时再用热巧克力酱汁浇融，化开表面，一探究竟，形成不规则的表面。而藏在金球里的食材也同样以圆形为主轴，模具塑形成的圆形巧克力饼干碎、球状香草冰激凌、一串红醋栗与圆形沙布列，或平面或立体交叠而成。

台北君品酒店 — 王哲廷 点心房主厨

■ Plate
器 皿

螺纹白色汤盘

此道甜点最重要的特色为圆形中空的巧克力金球，为呼应其造型，选用外圈有螺纹的圆形白盘，让视觉集中于正中央。汤盘有高度，适合盛装有汤汁、体积较大的料理，此道甜点最后会淋上热巧克力酱汁，能避免溢出盘外。

■ Ingredients
材 料

A　巧克力球
B　热巧克力酱汁
C　巧克力酱
D　红醋栗
E　香草冰激凌
F　沙布列
G　巧克力饼干碎

■ Step by step
步 骤

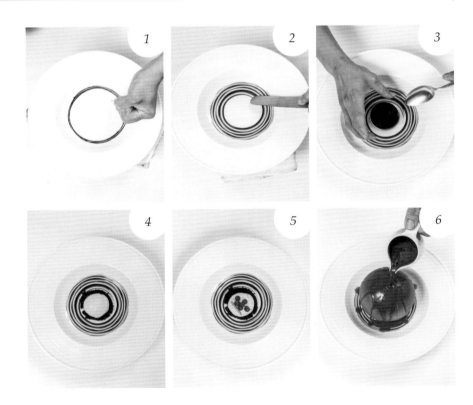

> **Tips:**
> 冰激凌下方垫一层巧克力饼干碎片，主要是为了避免冰激凌滑动。

1. 把盘子放在转台上，利用转台，在盘底凹槽的外围用裱花袋挤出巧克力酱，画出圆形线条。

2. 同样利用转台，以抹刀抹开步骤1挤出的圆形线条后，取下盘子。

3. 将中空圆形模具放在正中央，以确定圆形符合巧克力球开口的大小。铺入厚厚一层巧克力饼干碎。

4. 取下模具后，挖一粒香草冰激凌球，摆在巧克力饼干碎上。

5. 红醋栗斜摆在冰激凌上，沙布列则像屏风一样，直立插在红醋栗的右后侧。

6. 中空的巧克力球罩住所有食材。上桌后，以温度足以融化固态巧克力球的热巧克力酱汁淋上，使其不规则化开。

情侣专属
层层堆叠猜不到的甜蜜滋味

设计理念来自给情人分享的甜点，整体盘饰的核心概念为双数与对称，因此将被包覆的食材平均摆放，而外面的巧克力片则交叠覆盖成圆形，形成没有正反之分的对称状，方便分食，制造出未知、令人期待的惊喜感，给予讨论与猜测的乐趣。主要的色系为大地色系，褐色与米白两种属于较朴实温暖的色彩，通过平滑的、不规则立体线条和撒上点状粉末的巧克力片，以质地上的差异做出层次感。

● MUME

Head Chef **Kai Ward**

米色杂点圆陶盘

米色盘子上的褐色杂点与巧克力的色系相同，呼应巧
克力的层次感，略有高度的浅边则让主角更聚焦。带
有厚度的盘子，边缘不规则的手工触感，与带自然感
的片状巧克力有着细致的联结。

■ Ingredients
材料

A	巧克力慕斯	**G**	巧克力脆片
B	焦化巧克力	**H**	烟熏香草冰激凌
C	巧克力脆片		
	（含马铃薯成分）		
D	糖渍柳橙		
E	榛果		
F	牛奶脆片		

■ Step by step
步骤

1. 用汤匙把巧克力慕斯挖成橄榄球状，斜摆在盘子中
间作为基底，并用汤匙背面轻压，在表面制造出一
个凹槽，固定烟熏香草冰激凌。

2. 用裱花袋包裹焦化巧克力，绕着巧克力慕斯周围挤，
左右两侧各挤三点，距离平均。

3. 用小汤匙挖取榛果。为避免一次撒太多，用手一点
一点捏起，均匀撒在焦化巧克力间隔中。

4. 糖渍柳橙同步骤3一样均匀地撒上。

5. 如步骤1，用汤匙把烟熏香草冰激凌挖成橄榄球状，
摆在巧克力慕斯的凹槽上，两者的弧度相合。

6. 以步骤2底部的点状焦化巧克力作为定点，和上方
的烟熏香草冰激凌为固定黏着，依次将各种脆片各
两片斜放交错相叠，把其他食材围盖起来。

脆与软，苦与甜
属于巧克力的积木变奏曲

以可可亚奶油酥饼、巧克力甘纳许、巧克力酥饼等巧克力家族叠成端端正正的立方体，展现宛如积木般富于变化的个性美感，每一层口感、色调皆同中有异，可品赏各自的细节变化。而冰激凌柔润冰凉的口感，又与巧克力的浓甜，形成鲜明对照。画盘时则刻意画出角度偏斜的直线，与巧克力本身的方正相映成趣，使整体构图活泼不呆板。

● S.T.A.Y. STAY & Sweet Tea | Alexis Bouillet 驻台甜点主厨

A 巧克力酥饼   **D** 可可亚奶油酥饼
B 巧克力甘纳许   **E** 金箔
C 巧克力酱   **F** 香草冰激凌

白色圆平盘

基本的白色圆盘面积大且有厚度，表面光滑，适合当
作画布在上面尽情挥洒，并能有大片留白演绎时尚、
空间感。

■ Step by step
步 骤

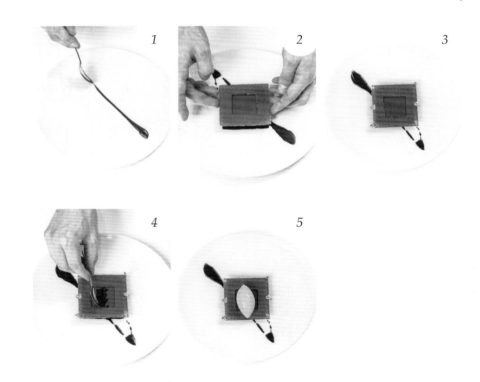

1. 用巧克力酱在盘面中线左方约45°处拉出一条直线
   画盘，收尾时略略回勾。画盘角度可自行调整，主
   要是为了替巧克力定位，还可以营造有视觉变化的
   直线。

2. 叠放巧克力主体。先用抹刀于盘面正中央摆上可可
   亚奶油酥饼，再叠上一层巧克力甘纳许，最后叠上
   中心呈方形镂空的巧克力酥饼。

3. 在巧克力的两边以刀尖点上六点金箔。

4. 在巧克力酥饼中央撒上巧克力饼干屑预做固定。

5. 把香草冰激凌挖成橄榄球状，直直地摆在巧克力饼
   干屑上。

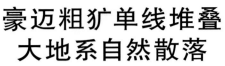

豪迈粗犷单线堆叠
大地系自然散落

法餐中的甜点常以小分量收尾，而甜点专卖店的分量需饱满
实在，以满足客人享用甜食的期待。微波抹茶蛋糕空隙大且
松软，再加上手撕分块，呈现自然的纹理，搭配大块不刻意
塑形的食材堆叠，营造出恍若岩石、青苔、土壤等自然物的
效果。体积约占盘子的1/3，简单单线堆叠，两侧不收边，
呈豪迈状。

Terrier Sweets 小梗甜点咖啡 | Chef Lewis

A　巧克力豆饼干
B　开心果碎粒
C　巧克力
D　蛋糕粉
E　软巧克力
F　蜜汁无花果干
G　手撕抹茶蛋糕
H　巧克力蛋糕
I　薄荷叶

白色平盘

白色圆盘面积大而平坦，表面光滑，适合当画布，演绎大空间，而其无盘缘的造型也给人简约利落的时尚感，完整呈现盘饰画面。

■ Step by step

步 骤

1. 将巧克力豆饼干在盘中撒成一条横线，约占盘面1/3 宽。

2. 数块手撕抹茶蛋糕交错摆放在巧克力豆饼干左右。

3. 蛋糕粉轻撒在巧克力豆饼干上。

4. 于空隙处左右交错放上巧克力与巧克力蛋糕。

5. 将三颗软巧克力放在横线顶端。

6. 将开心果碎粒轻撒在横线顶端作装饰，再在空隙处放上四颗剖半的蜜汁无花果干。无花果干剖面朝上，薄荷叶点缀。

● MARINA By DN 望海西餐厅 | DN Group

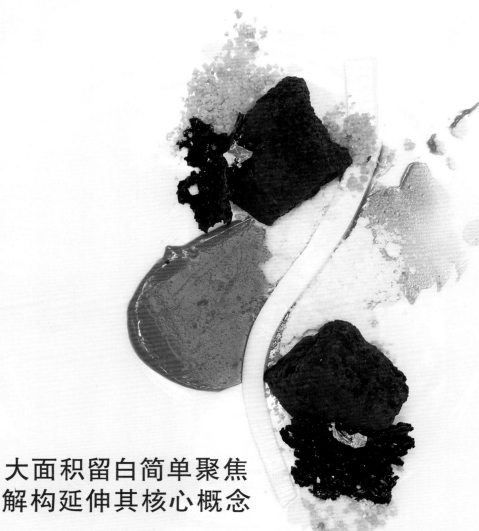

大面积留白简单聚焦
解构延伸其核心概念

以受到大家欢迎的小点——金莎巧克力为发想，将原本小巧的球状解构：金色铝箔纸与白色小贴纸包装，内层为薄脆饼，外面披覆着巧克力与榛果碎粒，内馅包裹香浓的榛果酱和单颗榛果，改用氮气填充巧克力，使口感更轻盈。榛果方面则运用两种不同的技巧：一种是将榛果酱抹在盘子上为底，另一种是用油脂转化粉加榛果油，最后再加上取代威化脆饼的奶油酥粒与带有脆爽口感的巧克力糖片，以及杏仁风味面条形状的果冻，完成重组的金莎巧克力。保留金莎巧克力精致奢华的色彩——深褐、白与金，整体以大量留白的方式让视线聚焦，打造多层次时尚。

A 巧克力糖片
B 榛果油粉
C 榛果酱
D 充气巧克力
E 饼干屑
F 金箔
G 杏仁面条

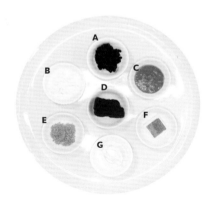

白色大圆盘

白色圆盘面积大而平坦，表面光滑，适合当画布，演绎大空间。而无盘缘的造型也给人简约利落的时尚感，与不规则形状的食材，形成对比。

■ Step by step
步骤

1. 将榛果酱用宽毛刷由粗到细、由中至外，斜斜地往盘子右上画一道。

2. 榛果油粉与榛果酱交错，撒成一条直线。饼干屑撒在榛果油粉线条的两端。

3. 榛果油粉与饼干屑交界处，各放上一块不规则状的充气巧克力。

4. 在充气巧克力旁，各斜放上一片大小适中的巧克力糖片。

5. 将杏仁面条以S形绕过两块充气巧克力中间。最后在两块充气巧克力边角以金箔点缀。

以土黄色系为基调
展现秋日落叶美景

用天然木头制成的木盘当作大地，巧克力沙作为土壤，用烘烤得脆脆的紫苏叶来盛装土黄色系的当季食材，如栗子泥、柠檬果冻、糖炒榛果以及巧克力榛果、南瓜酱、柑橘酱等。原木、土黄色食材和绿叶的搭配，让人仿佛置身于秋日森林中。紫苏叶用四等分方式置于木盘上，却以不同角度自然摆放，吃时的酥脆感，加上随意撒落的巧克力沙，仿佛置身于秋天落叶的美景中。

Yellow Lemon | Chef Andrea Bonaffini

器 皿

浅色长木盘

以原木做成的长条木盘，搭配自然风食材。浅色盘面能衬托深色食材，充分呈现出大自然原汁原味的美好。

材料

A	巧克力榛果酱	D	海盐	G	柠檬果冻
B	南瓜酱	E	紫苏叶	H	糖炒榛果
C	柑橘酱	F	栗子泥	I	巧克力沙

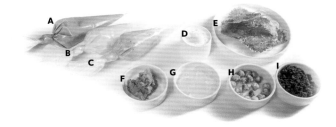

步 骤

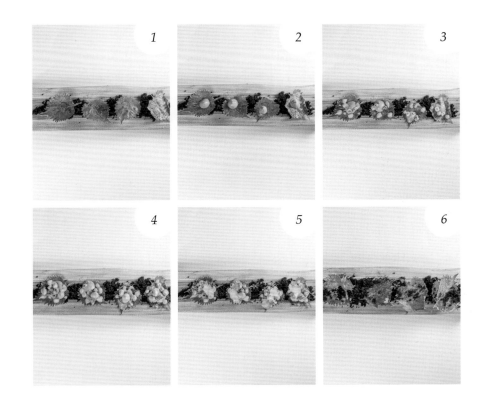

1. 巧克力沙沿木盘中线撒成一条直线。将四片蘸了糖粉、蛋白后烘干的紫苏叶平均放在巧克力沙上，呈不同角度摆放。

2. 用裱花袋在紫苏叶上挤上巧克力榛果酱，呈水滴状，并在上面撒些海盐。

3. 在巧克力榛果酱周围，用裱花袋挤上四小滴南瓜酱。巧克力榛果酱上各放两三颗糖炒榛果。

4. 每片紫苏叶上各挤上一大球栗子泥及两三球柑橘酱。

5. 上面再各放上一小株百里香叶和一两块柠檬果冻。

6. 最后各盖上一片紫苏叶，再撒上一些巧克力沙即成。

简洁实用
不败的优雅经典

这道摆盘重点在于选用恰当的食器与配料展示，布丁本身反而不是摆盘的视觉主体。用优雅大方的布丁杯、碟、长方盘等系列白瓷食器，将布丁、焦糖佐酱与雪贝一一安置。因焦糖布丁口味浓郁，便选用水蜜桃玫瑰雪贝，以酸甜果香清新味觉。外露展示的配料一来可提示口味搭配，二来暖褐与桃粉的配色，也为纯白盘面添加一抹娇柔气质。

● Angelo Aglianó Restaurant | Chef Angelo Aglianó

■ Plate ....
器 皿

白瓷长方盘、白瓷小碟、汤匙、布丁杯碟

质感高雅的系列白瓷食器，一般也可单独或与其他食
器搭配，不一定非得购买同一系列食器，若是色调、
质感相同，也可尝试搭配。

■ Ingredients ....
材料

A 布丁
B 焦糖酱
C 水蜜桃玫瑰雪贝

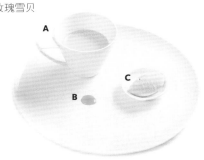

■ Step by step ....
步 骤

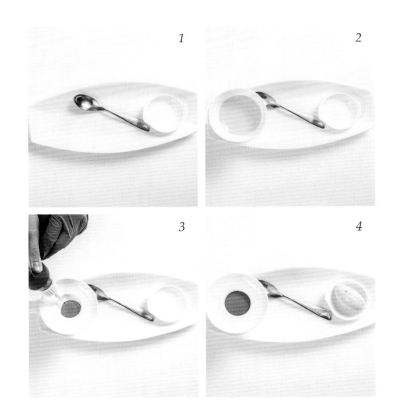

1. 将汤匙斜着和白瓷小碟同放在长方盘中。

2. 摆上已完成的布丁杯。

3. 布丁杯盖上布丁碟，酌量挤入焦糖酱。

4. 白瓷小碟盛上水蜜桃玫瑰雪贝，完成摆盘。

维多利亚酒店 | Chef Marco Lotito

异材质拼接创造双情境
夏日艳阳花开蝶飞

将传统布丁改良成慕斯状，色彩深而沉重，加上如大片花瓣的淡黄色干燥凤梨片，交错立放，以重复、由低到高的层递贯穿对角线，延伸出温和大气的效果。其他酱汁、糖果的装饰则以此为主线左右对称，色调简单，衬以粗犷黑岩盘加深轮廓。对比大片凤梨片，小巧的蝴蝶和小黄花糖使盘中场景活泼、生动、细致，白色底盘聚焦这幅花园景象，创造如画的餐桌情境。

器 皿

黑白方盘

异材质拼接的方盘，一白一黑、一大一小、光滑与粗糙并存。白瓷盘明亮大气、聚焦视线，内嵌黑色岩盘自然粗犷，搭配甜点上的糖蝴蝶与花，创造大地意象，衬托明亮色系的食材，同时既能营造自然情境，又能框出如画的高贵。

■ Ingredients

材料

A　干燥凤梨片　　　D　发泡鲜奶油
B　巧克力布丁　　　E　黄蝴蝶、小白花造型糖
C　优格　　　　　　F　软糖

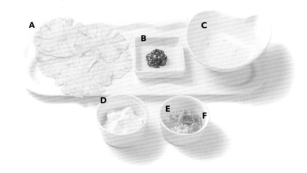

■ Step by step

步 骤

1　*2*　*3*

4　*5*

Tips:

1. 摆放巧克力布丁和凤梨片时，要注意温度和湿度，避免巧克力布丁出水使凤梨片变软，否则不易支撑、摆放。
2. 裁切凤梨片时，以最前面最矮、最后面最高为原则，避免平视时彼此遮挡。

1. 用剪刀把凤梨底部剪平，使其能立起。

2. 盘子摆成菱形。凤梨片立在盘中，用裱花袋挤一些巧克力布丁作为支撑，重复三次，造型成一条直线。

3. 用汤匙尖在凤梨片左右两侧各刮上两道长短不一的优格。

4. 在盘子左右侧各放上一块软糖并叠上一颗黄蝴蝶糖。盘子左上、左下及右下方各缀上一朵小白花造型糖。

5. 将发泡鲜奶油以画圆圈的方式挤在最前面的凤梨片前，以不高过凤梨片为原则。

● 寒舍艾丽酒店 — 林照富　点心房副主厨

旋风状画盘活泼灵动
传统甜点的三角形新意

意大利的耶诞面包潘娜朵尼 (Panettone)，由多种果干制成，奶油香
气隽永迷人，是欢庆时光的佐餐佳肴。将潘娜朵尼面包制成面包布
丁，保留果干馥郁的多层次风味，同时尝到布丁的软嫩香滑，外形
呈现有个性的三角状。通过香草咖啡酱汁，画盘线条与盘面共同呈
现灵活的动态感，色调温暖，味觉新鲜活泼。

A 草莓

B 薄荷叶

C 开心果蛋白饼

D 巧克力屑

E 潘多拉圣诞布丁

F 卡士达酱

G 香草咖啡酱汁

H 黑覆盆子

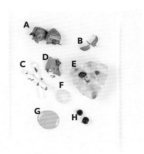

气旋白圆盘

盘缘如两个半圆错开的状态，露出顺时针的边角，有着正在旋转的视觉感受，予以简单大方的白色圆盘动态感。盘面大而平坦，适合作画盘，有大面积留白的空间感，气势十足。

■ Step by step
步 骤

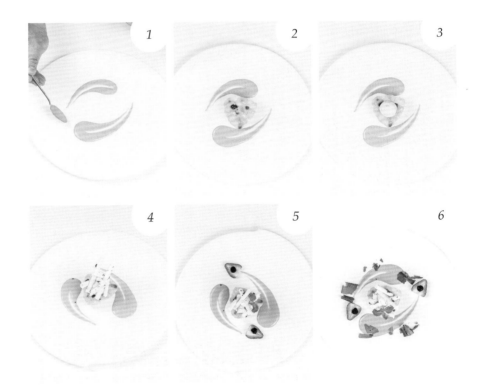

1. 用汤匙舀香草咖啡酱汁，顺着盘的圆弧由粗到细刮画出一条旋风状的圆弧线；将盘子转 180°，以同样的方式画出另一条中心对称的圆弧线。两者之间要留适当的距离摆放潘多拉圣诞布丁。

2. 潘多拉圣诞布丁放在盘中央。

3. 用裱花袋将一球卡士达酱挤在潘多拉圣诞布丁上。

4. 将开心果蛋白饼左右交错，斜斜地粘在卡士达酱上。

5. 点缀薄荷叶于开心果蛋白饼上，并于香草咖啡酱汁两端，各放上一个剖半草莓，再叠上一颗黑覆盆子。

6. 在香草咖啡酱汁上撒些许巧克力屑。

寒舍艾丽酒店 — 林照富 点心房副主厨

明暗对比和谐温暖
赋予深色食材轻盈跃动感

青苹果布蕾裹上可可粉，色彩优雅而沉稳，呈现半球状，予人未完成、持续成长的动态感，通过樱桃酱刷出速度感，一圈轻薄浅淡的莓红画盘稳定画面，再加上流线型造型的白巧克力，为深色主体的形象注入更多跃动、轻盈的感觉。色彩上，红色与棕色同色系的搭配，造成明暗对比且不突兀，不失原有温暖优雅的氛围。

■ Plate
器 皿

白色立体折纹圆瓷盘

盘缘为不规则的立体缎带折纹，可以赋予造型简单的
食材甜美、清新的动态感，与螺旋状的白巧克力片造
型相呼应，仿佛正在旋转一般。

■ Ingredients
材料

A　白巧克力片
B　胡桃
C　可可粉
D　薄荷叶
E　樱桃酱
F　金箔
G　糖渍栗子
H　青苹果布蕾
I　卡士达酱

■ Step by step
步 骤

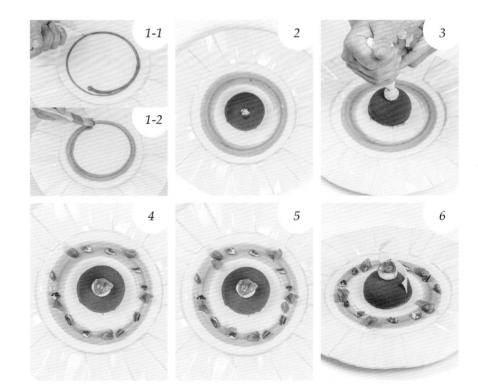

1-1
1-2
2
3
4
5
6

1. 将盘子放在转台上，一手旋转一手用裱花袋将樱桃
酱挤成圆形线条，再继续旋转，并换成毛刷，将樱
桃酱刷成宽扁线条。

2. 将撒满可可粉的青苹果布蕾放在盘中央，并于顶端
挖出一个小洞，为接下来的步骤预留空间。

3. 用裱花袋将卡士达酱挤入青苹果布蕾顶端预留的小洞内。

4. 将 1/4 颗糖渍栗子放在卡士达酱上，再将胡桃碎粒
和糖渍栗子交错放在樱桃酱画盘上。

5. 于樱桃酱画盘上点缀数片薄荷叶，并在布蕾上的糖
渍栗子上点缀金箔。

6. 将造型白巧克力片立插在青苹果布蕾上，向上延伸
视觉。

漆黑与赭红　黑糖为土
日式庭园的典雅风情

南瓜布蕾与水梨的清爽组合，本身甜度低，外围搭配一圈香气十足的黑糖，另外摆放，让食用者自行加减量，不同一般自行调配分量的个别独立盛装方式。沙梨焦化麦瓜以日式庭园为概念，漆黑大钵为庭园盆栽，黑糖为土壤，搭配赭红色汤匙等内敛、富日式色调的器皿，缀以外形朴实的月桂叶，以及有着家庭、复古气息的琉璃珠装饰，完美结合两种搭配食材，呈现午后舒服的日式庭园风情。

● 德朗餐厅 —— 李俊仪　甜点副主厨

■ Plate
器皿

双层渐层玻璃碗、黑色大钵、赭红木汤匙

为了呈现水梨与南瓜布蕾水嫩的质地，使用双层的透明玻璃碗，衬以厚实的黑色大钵增添分量感，再以黑糖作为中间介质，使两种不同质感的器皿接合，再搭配赭红木汤匙，暗色调带来沉稳内敛的特质，营造日式庭园的和谐美感。

■ Ingredients
材料

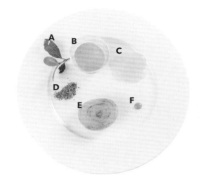

A 月桂叶
B 东昇南瓜布蕾
C 水梨原汁果冻
D 黑糖
E 水梨
F 太妃糖酱

■ Step by step
步骤

1. 将黑糖铺垫于黑色大钵内，并用匙背拍打平整。

2. 将刨成片状的水梨原汁果冻整成扁平圆形放入双层玻璃碗内，填入东昇南瓜布蕾凝固后，再用裱花袋将太妃糖酱以点状平均布满布蕾表面。

3. 将盛装布蕾的玻璃碗放入大钵内，再铺上黑糖并以汤匙整平，用双手平均施力向下压紧，使其固定于黑糖中。

4. 将一株月桂叶、琉璃珠和赭红色汤匙以三角构图分别放在玻璃碗四周。

● MARINA By DN 望海西餐厅 ｜ DN Group

三角构图稳定多层次不规则状
重塑既定造型堆出立体感

有别于一般印象中光滑、完美、几何造型的布蕾，此道茶香布蕾通过随兴切割成不规则造型，堆叠出不同层次的立体感，再撒上糖粒，用火枪炙出金黄色泽，搭配口感香脆的芝麻脆片，向上延伸的不规则外形呼应着布蕾，其他如草莓、蓝莓和橙丝等配角平衡布蕾较浓郁的口感，使其不腻口，也以三角构图散落多项食材，前低后高拉开视觉高度，点亮整体色彩

器 皿

黑色圆盘

深色盘面适合衬托明亮色系的食材，大盘缘雾面波纹
与光面的高反差接合，沉稳且内敛，并借由其波纹，
呼应主体茶香布蕾的不规则状，突显本道盘饰的核心
概念。

■ Ingredients

材 料

A 饼干屑
B 白砂糖
C 开心果屑
D 茶香布蕾
E 柳橙皮丝
F 草莓
G 蓝莓
H 芝麻虾饼

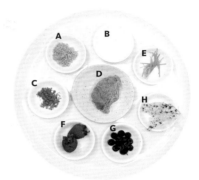

■ Step by step

步 骤

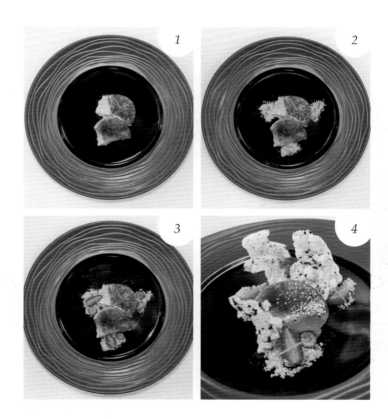

1. 用汤匙将茶香布蕾挖出两大块，撒上白砂糖，用喷
　　枪烘烤，随兴置于盘中央。

2. 在茶香布蕾周围，以倒三角形构图撒上饼干屑和开
　　心果屑。

3. 在饼干屑和开心果屑上分别放上切成角状的草莓和剖
　　半的蓝莓，切面皆朝上，最后在草莓上放上柳橙皮丝。

4. 将芝麻虾饼以三角形构图分别直插在茶香布蕾上中
　　下位置。

料理实验室
钟罩、铁罐、石板创造分子料理独特氛围

分子料理借由物理、化学、生物学等方法，重新组合食物的分子结构，将味觉、质地、口感、外形全部打散，并运用液态氮、胶囊、针筒、试管等器材再现，如同科学实验般繁复。此道分子料理——薄荷茶布蕾佐焦糖流浆球，以铁罐和玻璃钟罩为器皿，将色调简单的布蕾搭配放入焦糖酱制成的果冻球，用焦糖坚果碎取代原本烧于表面的糖片，点缀薄荷叶和薄荷冻，呼应薄荷茶布蕾的沁凉，营造出料理实验室的独特想象。

A 焦糖流浆球
B 薄荷叶
C 薄荷茶布蕾
D 金箔
E 饼干屑
F 薄荷冻

长方形石板　　　　铁罐　　　玻璃钟罩与木底座

有别于一般的陶瓷与玻璃器皿，铁罐盛装布蕾与焦糖流浆球，突显分子料理科学实验般的独特氛围，再加上玻璃钟罩拉抬高度，除了表现立体感，也能保留薄荷的香气。而最底部的黑色石板，则稳定整体视觉，做出色彩上强烈的对比。

■ Step by step
步 骤

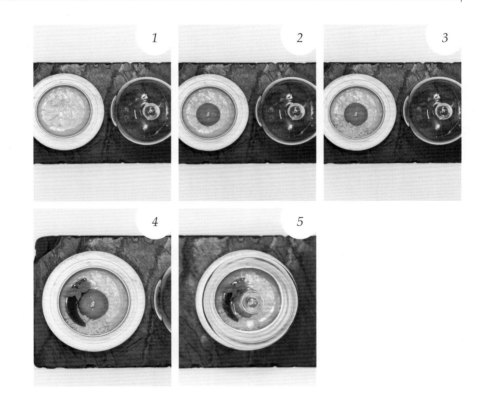

1. 将在圆形铁罐中制作好的薄荷茶布蕾放置在圆形木盘中间。

2. 焦糖流浆球置于薄荷茶布蕾正中间，并于其上点缀金箔。

3. 饼干屑撒在焦糖流浆球左下角，呈弧形。

4. 将切成圆弧状的薄荷冻放在焦糖流浆球左边，并在焦糖流浆球左上方插上一小株薄荷叶。

5. 盖上玻璃钟罩。

亚都丽致巴黎厅 1930 ｜ Chef Clément Pellerin

实与透、冷与热
童年回忆的多重转化

此道甜点为主厨承袭家乡诺曼底的传统，以母亲的米布丁食谱为发想，运用冷热对比的料理手法，诠释童年回忆的多重转化。味觉上，热烫的熬煮米布丁与冰冷的米酒冰激凌创造冲突；视觉上，则是厚实小巧的透明玻璃碗与具刮痕的黑卵石，一实一透相对比，朴拙的外观如同童年温暖的时光。并同时模拟传统石锅炖煮米布丁的方式，以牛奶萃取制成姜汁脆饼薄膜，覆盖在透明玻璃碗上。

■ Plate

器皿

透明玻璃碗　　　鹅卵石

似石锅外形的透明玻璃碗，用以模拟传统炖煮米布丁的状态，并能透视内部带出层次，搭配上鹅卵石，暗喻石锅材质。两者小巧厚实、色调朴实纯净的外观，也如同孩子回忆中温暖的光景。

■ Ingredients

材料

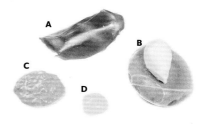

A 姜汁脆饼
B 米酒冰激凌
C 米布丁
D 姜汁果酱

■ Step by step

步骤

Tips：

1. 摆盘前先将鹅卵石冰冻，可以让冰激凌维持低温，不会快速融化。
2. 制作姜汁脆饼时需注意，要比玻璃碗口稍大一些，方便包覆、塑形。

1. 将姜汁果酱浅浅地铺入透明玻璃碗底。

2. 再把米布丁平均铺在姜汁果酱上面，高度约至玻璃碗的三分之一处。

3. 玻璃碗顶层覆盖姜汁脆饼。

4. 使用吹风机，让姜汁脆饼受热软化，再用双手把超出碗口四周的部分向下包覆，塑形为碗盖。

5. 以汤匙挖米酒冰激凌，呈橄榄球状摆放在鹅卵石表面即成。

镂空糖片包覆
打造闪烁水晶质感

将糖片塑成镂空柱状，再填入焦化柿子、咖啡泡泡与米布丁，让食材闪烁出如水晶般的光泽。液态状的咖啡泡泡与米布丁再自然由镂空的洞中流泻出来，呈现出堆叠的层次感，搭配镶有金色边缘的透明盘，除了呼应棕黄色系，细致的外形也予以高贵优雅的视觉感受。

● 德朗餐厅 — 李俊仪 甜点副主厨

器 皿

半月形镶边透明盘、金汤匙

半月形的透明盘，带有立体斜纹的手工质感，偏厚材
质折射出光泽，可充分衬托食材，完美表现色彩与造
型，再搭配金色汤匙，呼应其金色镶边，高雅贵气。

■ Ingredients

材 料

A 焦化柿子
B 糖片
C 咖啡粉
D 栗子冰沙
E 米布丁
F 南瓜子
G 咖啡泡泡
H 核桃

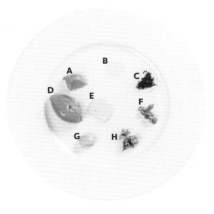

■ Step by step

步 骤

1   *2*   *3*

4   *5*   *6*

1. 盘子以45°角摆放，在盘面左上方将核桃摆放成直
条状，绕成圆柱状的糖片则置于右下方。

2. 将三块焦化柿子放入糖片内。

3. 舀一匙米布丁填入糖片内。

4. 将数颗南瓜子放在米布丁上。

5. 舀咖啡泡泡，填入糖片内至约九分满。

6. 将咖啡粉撒在咖啡泡泡上，并挖栗子冰沙，呈橄榄
球状斜放在核桃上。

餐桌上的拟真游戏
挑战味蕾极限

以米布丁的食材"米"作为发想，赋予西方怀旧小点东方禅意，将甜食米布丁变为寿司饭，红粉色系、薄长状的覆盆子慕斯和草莓慕斯成了生鱼片，黄色的戚风蛋糕加上切成长条的黑莓则成了玉子寿司，当然也不能忘了日本料理中最重要的腌菜和佐料：瓣状白柚是腌萝卜的化身，带点绿色的饼干碎便是芥末。整体以拟真营造视觉味觉反差的趣味，沿着长方盘的对角线摆放，延伸画面。

●Nakano 甜点沙龙 ｜郭雨函 主厨

器 皿

黑色长方形石板

仿照日本料理常见的寿司摆盘方式，使用长方形石
板，以黑色玄武石为底，沉甸的深色赋予高雅气质，
衬托寿司米饭的白与各种明亮色彩的寿司配料，仿佛
置身于高级日本料理店一般。

■ Ingredients
材 料

A 米布丁		**D** 草莓慕斯		**G** 白葡萄柚	
B 戚风蛋糕		**E** 饼干碎		**H** 玫瑰花瓣	
C 覆盆子慕斯		**F** 黑莓		**I** 巴西利	

■ Step by step
步 骤

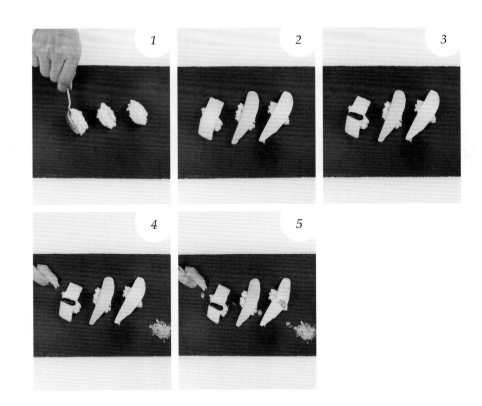

1. 用汤匙挖米布丁，呈橄榄球状等距斜摆在石板上呈
一条直线。

2. 草莓慕斯、覆盆子慕斯、戚风蛋糕均切成薄长似寿
司配料的形状，依次铺在米布丁上。

3. 黑莓横放在戚风蛋糕的腰部。

4. 两片白葡萄柚采用交错方式，放在石板右下角；饼
干碎铺撒在石板左上角，两者呈对角线。

5. 剪两小段巴西利，插在白葡萄柚及草莓慕斯上；再
沿对角线撒上玫瑰花瓣。

● Angelo Aglianó Restaurant | Chef Angelo Aglianó

层次自然多元的家常美味

因意式奶酪 (Panna Cotta) 口味较甜郁，摆盘配料便以酸甜解腻的
果物为主，并以香脆有硬度的巧克力燕麦作为摆盘的基底。摆放
奶酪时需注意力道，避免底下的巧克力燕麦滑动。配料本身色彩
缤纷，如覆盆子、酒渍葡萄、黑莓的紫红色调，与薄荷叶、巧克
力燕麦的大地色系，将纯白奶酪装点出天然缤纷的欢悦气息，是
一道色彩运用、口感皆层次丰富的摆盘。

器 皿

白瓷圆盘

简单的圆形白盘，可呼应奶酪的浑圆形状与洁白色
调。大盘面能有大面积留白，予以空间感、时尚感。

■ Ingredients
材 料

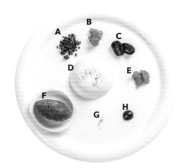

A 巧克力燕麦

B 覆盆子

C 酒渍葡萄

D 意大利奶酪

E 薄荷叶

F 黑莓雪贝

G 金箔

H 黑莓酱

■ Step by step
步 骤

1. 摆上中空圆形模具，以小匙放入巧克力燕麦，最后
移走钢模，使盘面呈现一均匀大圆，完成画盘。

2. 用抹刀将意大利奶酪放置于巧克力燕麦正上方，摆
放力道需轻柔，不要将底下的燕麦挤散变形。

3. 在盘面一角交错摆放剖半覆盆子、剖半酒渍葡萄、
薄荷叶。水果剖面朝上。

4. 依次将剖半的覆盆子交叠于奶酪表面，点上黑莓酱，
再缀上一片薄荷叶。

5. 用刀尖在剖半酒渍葡萄和黑莓酱上点缀金箔。

6. 在盘面一角撒上巧克力燕麦，最后再摆上黑莓雪贝。

台北喜来登大饭店安东厅 — 许汉家 **主厨**

飞碟深盘　锐角延伸
甜美又不失性格

这道奶酪选用宛如飞碟的深圆盘，不仅具有造型趣味，也适宜盛装有酱汁的甜品。装饰深盘时不妨大胆采用立体、带有尖锐角度或线条的食材装饰，如竖立摆放的糖片、修长的片状杏仁角饼干、具分量感的薄荷叶等，可延展盘面视觉。而选用红酱、绿叶、黄芒果等多彩食材，则可衬托奶酪的纯白致密质地。

■ Plate
器皿

瓷器

略带厚度的高雅深盘，除了摆放需淋酱的甜点，也很
适合盛装分量小而精致的料理。大盘缘与中间盘面的
大小强烈对比，可以简单聚焦画面。

■ Ingredients
材料

A 巧克力球

B 红醋栗

C 珍珠糖片

D 巧克力杏仁角饼干

E 芒果球

F 奶酪

■ Step by step
步骤

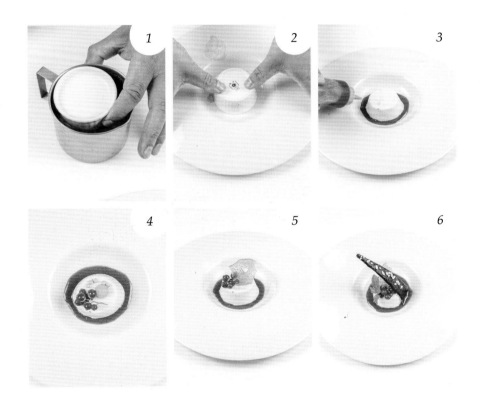

1. 将奶酪杯置于约80℃的水杯内隔水加热，再倒扣于
   深盘中央。

2. 用双手拇指压住奶酪杯底两侧上下摇晃，使奶酪自
   然滑落盘中，完成脱模。

3. 沿着奶酪周边挤上一圈草莓酱，增加色泽与风味。
   这一步骤也可选用色彩、味道都很合适的芒果酱。

4. 在奶酪顶端摆上一串红醋栗、芒果球和巧克力球作为
   点缀。

5. 在奶酪顶端竖立插上珍珠糖片。

6. 将巧克力杏仁角饼干竖立摆靠于奶酪侧边，再点缀
   数片薄荷叶，完成摆盘。

● 寒舍艾丽酒店 — 林照富　点心房副主厨

脆饼做烟囱　红绿配
建造圣诞欢乐城堡

以经典红配绿打造圣诞场景，多样造型各异的水果、果冻围绕，如圣诞树上的彩色装饰配件。半圆体的奶酪如同童话里的城堡，装饰上扭旋状的奶油饼干，一如为圣诞老公公准备的烟囱，向上旋转延伸。整体色彩鲜明，大片红色圆圈画盘聚焦主体，明亮热情，搭配气旋状的盘面，摇摇摆摆，热闹欢腾。

■ Plate
器 皿

■ Ingredients
材料

A 蛋白霜

B 覆盆子奶酪 &
   焦糖苹果慕斯塔

C 红醋栗果酱

D 薄荷叶

E 黑覆盆子

F 草莓

G 开心果碎粒

H 凤梨果冻

I 红石榴果冻

J 卡士达酱

K 奶油饼干

气旋白圆盘

盘缘如两个半圆错开的状态，露出顺时针的边角，有着正在旋转的视觉感受，予简单大方的白色圆盘动态感。盘面大而平坦，适合作画盘，并能有大面积留白的空间感，可营造气势。

■ Step by step
步 骤

1-1   2-1   3-1

1-2   2-2   3-2

4-1   5   6

4-2

Tips:
爱心形状的草莓，有着节庆的欢乐感与表达爱慕之意。切法是：先将草莓平切去蒂，从左右各斜切一刀后，再对剖切开即完成。

1. 将盘子放至转台上，将红醋栗果酱倒入盘中心，一边旋转，一边以毛刷将果酱晕染开来，约占盘子的1/2 面积。

2. 将开心果碎粒粘在覆盆子奶酪与焦糖苹果慕斯塔之间的接缝上，再整个放在盘中央。

3. 在奶酪顶端偏右方挤一点卡士达酱，再粘上奶油饼干。

4. 在奶油饼干上挤一点卡士达酱，再粘上蛋白霜。

5. 在红醋栗果酱画盘的上下左右，平均间隔交错放上切成 1/4 大小的红石榴果冻、凤梨果冻。

6. 在果冻之间的空隙处，以三角构图放上薄荷叶、切成爱心状的草莓，再将两颗黑覆盆子对称放在红醋栗果酱画盘内。

单线留白简约大气
异质地食材彼此衬托

为强调新鲜水果与优格的清爽，以单线留白的手法呈现
简洁利落的视觉感受，将焦点留给食材表现，粗犷、线
条不拘的坚果巧克力脆片以及线条丰富的果肉，与柔软
嫩白的优格交错形成材质上的强烈对比，彼此衬托，让
画面更有张力。

● 北投老爷酒店 —— 陈之颖 集团顾问兼主厨 —— 李宜蓉 西点师傅

■ Plate
器 皿

灰白宽圆盘

具有深度的宽圆盘，能够防止质地柔软的食材和液态酱汁流出。而其盘面略带灰色，能突显主体优格的纯白。

■ Ingredients
材料

A 草莓

B 无花果

C 野生蜂蜜

D 优格

E 坚果巧克力脆片

F 薄荷叶

G 蓝莓

■ Step by step
步 骤

1. 以长形汤匙挖一匙优格，纵向放在盘面 1/3 处。

2. 将切成角状的无花果横向交错叠于优格之上，并于优格的前后端各放上剖半的草莓，草莓切面朝上，再缀上一颗蓝莓。

3. 将两片坚果巧克力脆片竖立插于优格与水果之间。

4. 草莓上点缀一小株薄荷叶。

5. 淋上野生蜂蜜即成（亦可不淋，直接将蜂蜜杯端上桌，交由客人自行浇淋）。

娇羞红粉果冻新娘
披上白纱、撒满玫瑰，堆高营造隆重浪漫之感

多层次的器皿组装呈现出如套餐式的庄重感，透明的玻璃鱼缸状器皿让玫瑰绿茶冻更显清透，搭配同是冰冻状的苹果冻，切成碎粒后如钻石般闪耀，再向上堆叠塑成圆形的紫罗兰糖丝网，如纱的镂空浪漫优雅，撒满草莓干燥碎的巧克力环聚焦视线。缀以玫瑰花瓣与干冰等小配件，带出烟雾弥漫的情境，制造浪漫氛围。

● 香格里拉台北远东国际大饭店 ─ 董锦婷 甜点主厨

■ Plate

器皿

白圆盘 金鱼缸碗、倒锥皿

与盘子形状相同的圆形浮雕布满盘缘，予人精致的印象，一层一层线条与微微的弧度，让视线集中在盘中央。金鱼缸碗和倒锥皿能避免指纹留到玻璃器皿上，方便端盘。造型特殊的金鱼缸碗和倒锥皿，可营造多层次效果，如装入干冰制造烟雾，装入玫瑰花瓣或者以其他道具点缀，营造不同的氛围。

■ Ingredients

材料

A 紫罗兰糖丝网　　**D** 玫瑰花瓣
B 苹果冻碎　　　　**E** 草莓干燥碎巧克力环
C 玫瑰绿茶冻

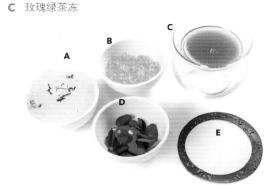

■ Step by step

步骤

Tips:
糖丝和干冰易融化，要
等到临上桌前再加上。

1. 先将金鱼缸碗放到白圆盘上。将数片玫瑰花瓣放入金鱼缸碗中，并以金鱼缸碗为中心在白盘上排一圈玫瑰花瓣。

2. 在倒锥皿中做玫瑰绿茶冻，然后放在金鱼缸碗上，接着放上苹果冻碎。

3. 草莓干燥碎巧克力环放在倒锥皿上。

4. 紫罗兰糖丝网揉成球形，放在苹果冻碎上。

5. 把倒锥皿拿起，将干冰倒入金鱼缸碗中，倒入热水制造雾气后，再将倒锥皿放回即成。

Nakano 甜点沙龙 — 郭雨函 主厨

翻玩意象
白浪翻飞的桌边海景

著名的贝壳形迷你常温蛋糕——玛德莲，以贝壳形为灵感，将生蚝壳高温杀菌后作为模具烤制。用贝壳模具制成的蛋糕，中间有突起的小肚子，不失玛德莲最经典的特色。整体以生蚝壳为石，鲜奶油为浪，香草化身海藻，而盛装白酒的玻璃高脚杯便是灯塔，既是奢华大餐，又是仿拟海景。

■ **Plate**

器 皿

尼尔骨瓷白色长盘　　玻璃高脚杯　　生蚝壳

此道甜点为了模拟海边景象，选择似船的长盘、天然
生蚝壳与灯塔状高脚杯带出最直觉的联想，与生蚝大
餐中的器皿搭配，将海景带到桌边。

■ **Ingredients**

材 料

A 玛德莲
B 鲜奶油
C 奥地利皇家气泡酒
D 薄荷叶
E 巴西利

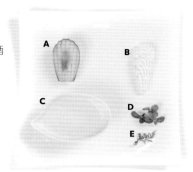

■ **Step by step**

步 骤

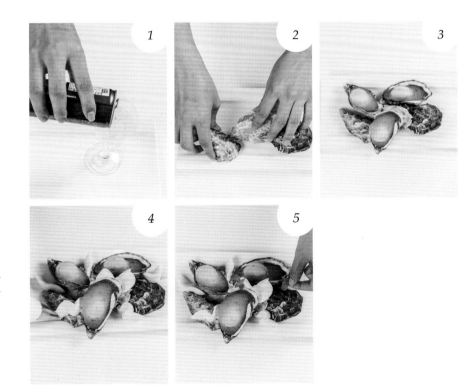

Tips:
使用圣欧诺黑形花嘴
时，缺口要朝向对侧并
垂直于平面。

1. 玻璃杯放在长盘的左侧后，倒入奥地利皇家气泡酒。

2. 取三个生蚝壳，背面朝上，左右交错成一条线，铺
　　放在长盘右侧作为底部托高。

3. 将三颗事先在生蚝壳中烤好的玛德莲，正面朝上左
　　右堆叠于空生蚝壳上。

4. 用带有圣欧诺黑形花嘴的裱花袋，将鲜奶油挤在生
　　蚝之间，模仿波浪窜出喷溅上岸的感觉。

5. 将巴西利、薄荷叶粘在鲜奶油上作为装饰。

对角线延伸视觉亮点
凤梨的多重变形增添层次

法文 Financiers（费南雪）即金融家之意，是以其金砖造型闻名的法国常温蛋糕，结合同样为长方金砖造型的台湾伴手礼凤梨酥，运用凤梨本身的食材特性，做出带有湿润感的台湾凤梨费南雪。用大片凤梨果干为底，缀上凤梨冻、凤梨馅，以相同食材的不同形象，拉出对角线，层层堆叠传达甜点的独特口味，让简单的茶点开出太阳花，象征热情与生命力。

盐之华法国餐厅——黎俞君 厨艺总监

器 皿

长形白平盘

长盘造型适合派对和宴会等以小点为主的场合，营造精致的感觉，也便于拿取。长盘盘面带有波纹，增添低调细致的变化，搭配简单朴实的凤梨费南雪，衬出鲜黄色的明亮与活力。

■ Ingredients

材 料

A　凤梨费南雪
B　凤梨馅
C　凤梨干
D　凤梨果冻

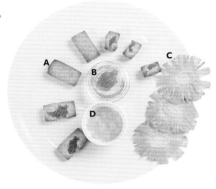

■ Step by step

步 骤

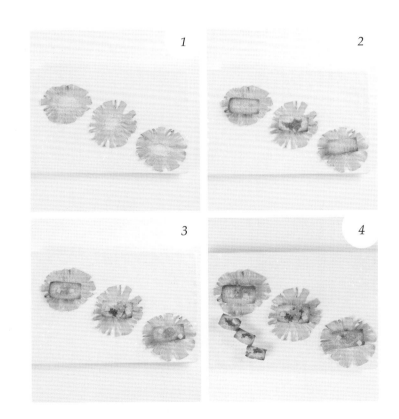

1. 沿盘子对角线放上三片凤梨干。

2. 凤梨干上分别放一个凤梨费南雪。

3. 凤梨费南雪上放数颗凤梨果冻与些许凤梨馅。

4. 将一整块凤梨费南雪切成三块，如阶梯状放在盘面一角。

手绘可爱小树
淡雅清新的春日生机

这道甜点描绘的是一株春日小树，以榛果饼干粉点染小树枝干，以
珍珠糖小泡芙为果实，并以夏堇与罗勒果胶作为花叶。平整的浅绿
圆盘可清楚展现小树构图，也将树木的清新气息烘托得更加柔和写
意。为求盘面简洁耐看，无须缀饰过多树叶，只需点染几片即可，
事实上，自然界的树木也多半于秋季落叶时结果。同理，花朵摆放
建议不超过两种，以免画面流于杂乱。

● WUnique Pâtisserie 无二烘焙坊 │ 吴宗刚 主厨

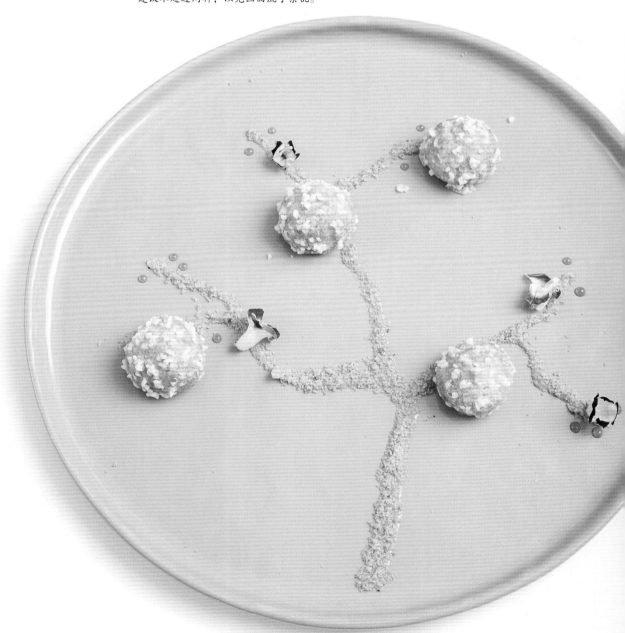

■ Plate
器皿

浅绿圆瓷盘

色泽淡雅浅绿的光滑圆盘，成为带出"树枝"主题的画布，而其手工感的质地，配上所有食材皆显得温柔清新。

■ Ingredients
材料

A 夏堇
B 榛果饼干粉
C 罗勒果胶
D 珍珠糖小泡芙

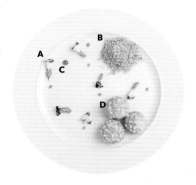

■ Step by step
步骤

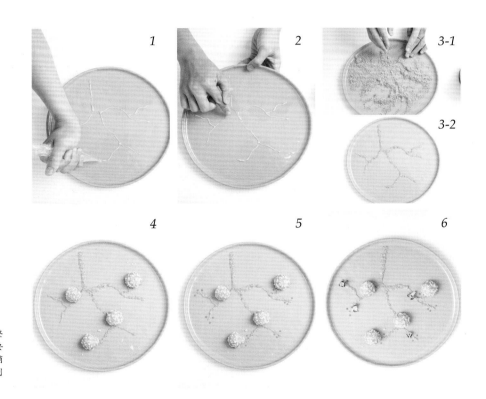

Tips：
画盘时，可视情况调整力道，如描绘树干需要较粗的线条，动作可稍慢而用力，画树枝时则可减轻力道。

1. 裱花袋装入葡萄糖浆，挤出一棵小树的雏形，作为基础画盘。

2. 用手指将葡萄糖浆抹匀，使树干线条变得粗而平整。

3. 在盘内撒上榛果饼干粉，使其均匀粘于糖浆上，将多余粉末倒出，露出上色完毕的树干本体。

4. 在树梢上摆珍珠糖小泡芙，代表果实。

5. 在树梢上用裱花袋点上几滴罗勒果胶，代表树叶。

6. 夹取夏堇，置于有叶的枝丫处，完成盘饰。可将花朵竖立露出完整花形，以增加立体感。

抢眼的黑金组合
大量留白演绎优雅贵气

将现烤的酥脆泡芙及其他全部食材集中成直排，以黄金比
例做分割，大量留白，呈现自然美的平衡。每一颗小巧的
泡芙，覆盖上黄澄澄、口感轻盈的番红花奶油，淋上巧克
力酱，缀上台湾街边小点爆米香、大片金箔与昂贵的番红花
丝，独特的配件装点得既奢华又活泼，色彩上呈现醒目的黑
与黄，整体展现出优雅贵气的强烈氛围。

器 皿

白色大圆盘

白色圆盘面积大而平坦，表面光滑，适合当作画布让
创作者在上面尽情挥洒。盘面有大片留白能带出时尚
感、空间感。圆盘盘缘有高度，能避免酱汁溢出。

■ Ingredients
材料

A　现烤泡芙
B　金箔
C　巧克力酱
D　番红花丝
E　爆米香
F　番红花奶油

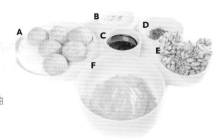

■ Step by step
步 骤

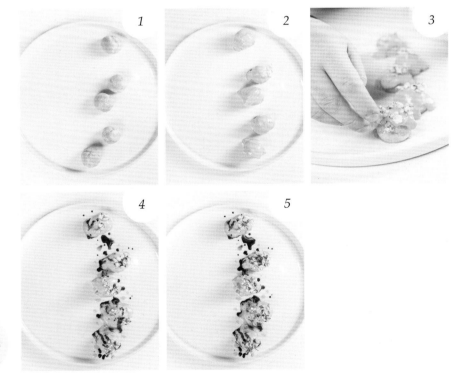

Tips:
1. 用镊子夹巧克力酱
甩，可以控制用量，避
免不均匀。
2. 以滴管滴奶油，可以
控制用量与形状。

1. 将五个填入巧克力酱馅的现烤泡芙，以"M"形弧
线放在盘子中间偏一侧。

2. 每个泡芙上覆盖 1～2 匙番红花奶油，用喷射打火
机喷一下使其化开。

3. 弄碎爆米香后在每个泡芙上各粘一些。

4. 用镊子将巧克力酱甩在整排泡芙上，再用滴管将番
红花奶油滴在整排泡芙左右两侧。

5. 番红花丝用镊子夹至泡芙上，再将金箔缀饰在泡芙
上即成。

黄粉画盘明亮活泼
圆圆相扣稳定单边留白

以单边留白聚焦主体。圆形的泡芙与正方形的芒果丁围成一个圈，
再覆上一片圆形的野草莓黑莓冻收束画面，缀以三角构图的巧克力
泡沫。底下的画盘，亮黄色的焦糖酱和粉白色的草莓酱随兴交织成
长线条，拉开视觉长度，并点亮深紫色的野草莓黑莓冻。整体呈现
简约明亮的风格，通过稳定的组成结构使单边留白明确聚焦。

器皿

白色圆盘

基本的白色圆盘面积大而小有弧度，表面光滑，适合当作画布在上面尽情挥洒，并能有大片留白演绎时尚感、空间感。

材料

- **A** 黑糖泡芙
- **B** 芒果冰沙
- **C** 凤梨黑糖馅
- **D** 野草莓黑莓果冻
- **E** 草莓酱
- **F** 黑糖
- **G** 芒果丁
- **H** 焦糖酱

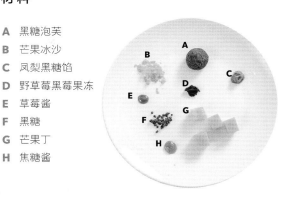

步骤

Tips:
巧克力泡沫使用均质机打发，在摆盘时放上巧克力泡沫，可增加香气和色彩。

1. 用匙尖将焦糖酱（由芒果和百香果熬煮而成）在盘子的右半边刮出一条扁长的"S"形曲线。

2. 四颗黑糖泡芙以菱形四角构图，摆放在焦糖酱线条中间。

3. 泡芙与泡芙之间再各放上一粒芒果丁，形成双色的圆圈。

4. 用汤匙在每颗泡芙和左边两粒芒果丁上淋一点草莓

酱，在圆圈右侧以匙尖随兴刮出一条弧线。在泡芙与芒果丁圆圈中间，用裱花袋挤两圈凤梨黑糖馅。

5. 在凤梨黑糖馅上铺芒果冰沙，呈山丘状。

6. 将以野草莓与黑莓熬煮成的果冻圆片盖在泡芙与芒果丁圆圈上，再撒上几粒黑糖。最后以三角构图放上巧克力泡沫。

晴光潋滟
泡芙化身美丽天鹅

来自法国的传统甜点，将对切泡芙改造成优雅的天鹅，搭配有如湖水波动的盘子，由左上集中至右下地散开波纹，将天鹅垫高放在波纹集中处，再依照水波纹路放上零星碎柚子果冻和金箔，就有如倒映着阳光的水面，画面仿佛午后的湖边之景。而芒果、磅蛋糕、泡芙、柚子果冻均为黄色系，温暖明朗、自然跃动，缀上几朵法国小菊、开心果碎和薄荷叶，简单的绿色装饰就像掉落湖面的花草般，宁静而自然。

● Nakano 甜点沙龙 — 郭雨函 主厨

器皿

白色螺旋浅盘

具有螺旋纹的白色浅盘，由左上至右下一圈圈散开，
连同盘缘的不规则弧度，看起来恍若一片水中的涟
漪，搭配平滑晶亮的柚子果冻，营造波光粼粼的感
觉，让天鹅泡芙优雅地在湖中划行。

■ Ingredients

材料

A 芒果	D 金箔	G 鲜奶油
B 柚子果冻	E 泡芙	H 薄荷叶
C 法国小菊	F 天鹅头造型泡芙	I 磅蛋糕

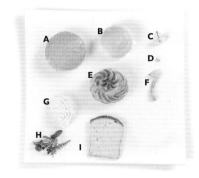

■ Step by step

步骤

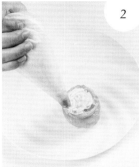

Tips：

将泡芙上下对切后，上半
部依纹路切成4片，插在
鲜奶油上。前面两片往上
举，后面两片向后收拢包
覆鲜奶油，便是一幅生动
的天鹅身躯了。

1. 将切成正方形的磅蛋糕，摆在盘子的左上方，接着
   叠放上圆形芒果。

2. 将泡芙底部摆在芒果上，然后挤入鲜奶油，后方收
   尾的部分可厚一些，使其具有往上升的效果。

3. 将切好的四片泡芙片插在鲜奶油上，当作天鹅身体；

最前方则插上事先做好的天鹅头造型泡芙。

4. 将柚子果冻切碎，依照盘子的波纹，在天鹅泡芙前
   方随意放上些许。

5. 最后将法国小菊、薄荷叶、金箔随意装饰在柚子果
   冻上。

泡芙的花园奇想
大小圆点自由舞动

以覆盆子泡芙为中心，四周散落各个大小不同的圆点，随意摆放、互相呼应，给人自由不受限的感受，既跃动又协调，再加上大胆使用鲜艳的猩红与亮黄色，芒果片与覆盆子酱高高低低、雾面镜面交错，强烈碰撞出如梦的奇想。而主体覆盆子泡芙多层次堆叠，延伸圆的高度，以塑成圆的绿色开心果碎为底，对比色的搭配让人印象深刻，小范围聚焦引人注目。

香格里拉台北远东国际大饭店—董锦婷　甜点主厨

器 皿

圆凹盘

简单常见的大圆盘，可以充分留白，营造时尚感。其下凹线条明显有个性，再加上表面洁白光滑，灯光照上去便会起聚光效果。与覆盆子泡芙造型相呼应，画上的酱汁还能呈现镜面效果。

■ Ingredients

材 料

A 鲜奶油
B 覆盆子
C 芒果片
D 白巧克力片
E 覆盆子泡芙
F 巧克力花
G 开心果碎
H 覆盆子酱

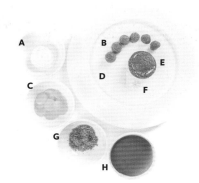

■■ Step by step

步 骤

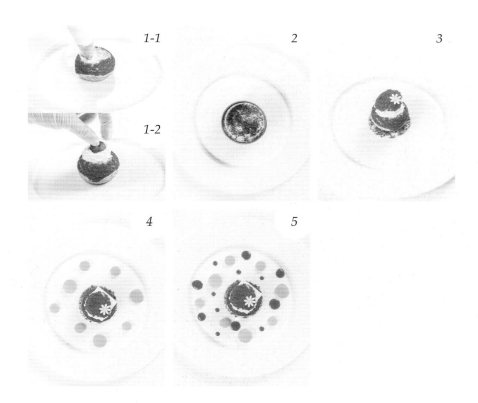

1. 切下覆盆子泡芙上半部分的 1/3，用星形花嘴裱花袋将鲜奶油在泡芙内挤两到三圈，再塞入一颗覆盆子。

2. 圆形中空模具放在盘子中央后，再倒入一层开心果碎。

3. 将圆形中空模具拿开，再把步骤1切下的泡芙放上。

斜放上一片白巧克力，盖上覆盆子泡芙的上半部，巧克力花缀于其上。

4. 随兴将芒果片绕覆盆子泡芙一圈。

5. 用裱花袋将覆盆子酱不规则地挤在芒果片之间。

华美胭脂与金色魅力
气势非凡的甜点之神圣诺黑

法国传统甜点圣诺黑，以气派华丽的外形为人所知。底座是圆形脆饼，象征着皇冠，再一圈圈向上，以泡芙和香堤奶油堆叠，有如珍珠镶饰一般，整体做工繁复，存在感强烈，精致而立体，因此选用金边白盘衬托其气质，周围简单以玫瑰花瓣、草莓片装饰，再加上干燥草莓粉撒落出艳红的热情，四周的立体糖丝绽放光芒，奢华风采惊艳摄人。

盐之华法国餐厅—黎俞君　厨艺总监

器 皿

■ Ingredients

材 料

- **A**　糖丝
- **B**　草莓
- **C**　圣诺黑
- **D**　干燥草莓粉
- **E**　玫瑰花瓣

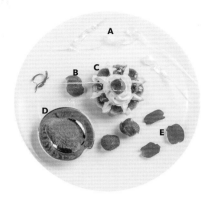

镶边白平盘

为突显圣诺黑的华美与艳丽，选用带有放射状金边的
白平盘，以向内长长短短的线条聚焦主体，并搭配以
红色为主的色调，营造明亮气派的奢华感。

■ Step by step

步 骤

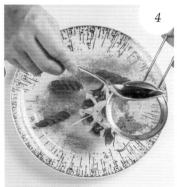

1. 将圣诺黑摆放在盘面一角。

2. 以前、中、后偏斜的角度，放上三排立放并排的切片草莓。

3. 在圣诺黑上方插几根糖丝，并以三角构图缀上玫瑰花瓣。

4. 用汤匙轻敲筛子，将干燥草莓粉撒在草莓片上方和盘面上。

低矮甜点以器皿挑高
打造橱窗式奢华派对

法国传统小点闪电泡芙，法文名 Éclair，音译为艾克力，是酥皮为底的长条状泡芙，因其美味人们吃得快如闪电而得名。此道缤纷艾克力由四个小巧的闪电泡芙组成，为突破其低矮的造型限制，使用倒放小酒杯挑高，并置入未去蒂的新鲜大草莓，营造橱窗式的配置方法，予人迫切揭开的向往。整体以摆盘中最常见的基本构图，将相同造型重复整齐地摆成一条直线，延伸韵律感，带出气势。以富有质感的黑岩盘，加上散落一地的干燥覆盆子，打造出一场奢华派对。

香格里拉台北远东国际大饭店 — 董锦婷 甜点主厨

■ Plate
器皿

小酒杯　　　　　　**长方岩盘**

此道缤纷艾克力为四种不同颜色、口味的独立甜点，选择黑色岩盘，能使红者更红，黄者愈黄，其长方造型很适合盛装派对小点。再搭配上倒立的法国小酒杯，颠覆一般使用的规则，利用其通透的特性，以橱窗式配置放入完整的草莓，借以托高主体，又不会因其大量出现造成过于沉重的负担。

■ Ingredients
材料

A 覆盆子艾克力　**D** 芒果艾克力　**G** 干燥覆盆子
B 绿茶艾克力　　**E** 蛋白霜饼　　**H** 珍珠米豆
C 巧克力艾克力　**F** 草莓　　　　**I** 巧克力花

■ Step by step
步骤

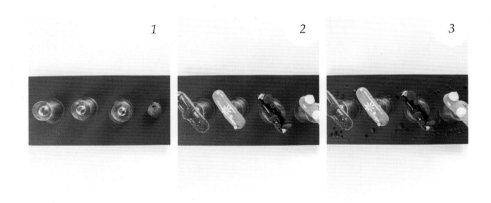

1　*2*　*3*

1. 将四颗新鲜草莓平均间隔放在岩盘上，再各自倒盖上小酒杯。

2. 将缀有覆盆子的覆盆子艾克力、缀有珍珠米豆和巧克力花的绿茶艾克力、缀有金箔的巧克力艾克力及缀有蛋白霜饼的芒果艾克力，依次以 30°角斜放在酒杯杯底上。

3. 用手将干燥覆盆子捏碎，随意撒在岩盘上即成。

盐之华法国餐厅 — 黎俞君　厨艺总监

小圆饼当乐高
叠出童趣双轮车

荷兰饼造型扁平、小巧，直接铺放会显得单调、没有层
次，因此利用黑糖为黏着剂，以荷兰饼当乐高，拼迭出
精致可爱的双轮车体。整体使用棕、黄、红三种甜美、
温暖的色彩，再加上星星图案的造型巧克力片，简单的
荷兰饼摇身变成童趣十足的小车子。

■ Plate

器 皿

白色大深盘

此白盘中间有方形凹槽，恰巧能盛装荷兰饼叠成的双
轮车身，而其外缘圆、内缘方的造型，与荷兰饼的小
圆形拼合出活泼的俏皮感，简单中充满趣味巧思。

■ Ingredients

材 料

A 覆盆子
B 芒果雪贝
C 黑糖酱
D 荷兰饼
E 巧克力片荷兰饼

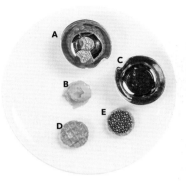

■ Step by step

步 骤

Tips:

1. 步骤 1 中黏着用的黑糖酱，会因冷却而凝固，摆盘时动作要快，否则需不断加热黑糖酱，影响出餐速度。

2. 巧克力片上的星星花纹利用转印贴纸的简单技巧完成，可以在烘焙专门店购买各式各样花纹的转印贴纸，创造不同风格的装饰巧克力。

1. 在荷兰饼底部蘸上加热的黑糖酱，两片平行竖立粘在盘中间。

2. 在两片荷兰饼外侧各放上一颗覆盆子，作为轮子。

3. 将巧克力片荷兰饼平放在两片竖立起的荷兰饼上，作为车顶。

4. 在荷兰饼塔的一侧平放上一片荷兰饼，再挖一球芒果雪贝叠上。

5. 将一片巧克力片平放在芒果雪贝上。

盐之华法国餐厅 — 黎俞君 厨艺总监

黑与白　方与圆
极简的深度滋味

意大利杏仁饼是意大利北部非常传统的小点心，流传年份已不可考。选用西西里进口的甜杏仁，加上精确掌控湿度、温度和每个细节的功力，才能完成一小片口感具有深度与厚度的杏仁饼。除了浓缩杏仁的精华，此道甜品也凝集了主厨深厚的厨艺，以极简的盘饰设计，黑盘与白饼的强烈对比，内敛得余韵无穷。

器 皿

黑色长方岩盘

为衬托意大利杏仁饼的颜色与形状，选用黑平盘做出
色彩上的对比，一黑一白，一平面一立体，让小圆饼
的存在更为明确有分量。带有自然素材感的玄武岩材
质，为简单的杏仁饼增添温暖朴实的气息。

材 料

A 意大利杏仁饼

B 糖粉

C 巧克力馅

步 骤

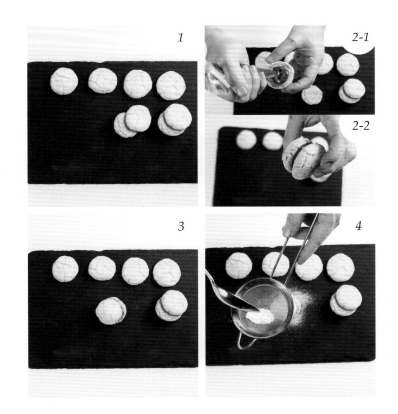

1. 将四枚单片的意大利杏仁饼等距摆放在盘中上方，
再于其下方放上四片杏仁饼，两两相叠。

2. 用裱花袋将巧克力馅挤在两两相叠的杏仁饼中的一
片上，再两两相粘。

3. 将步骤 2 完成的其中一组意大利杏仁饼放在盘子正
中间。

4. 用筛网在正中央的意大利杏仁饼上撒上糖粉，范围
超出杏仁饼外围一圈即可。

手工质感器皿与单颗精巧小点
一期一会的自然献礼

不同于台湾知名茶点凤梨酥一般常见的长方造型，法式
凤梨酥以更小巧的圆形登场，搭配暗示其味的新鲜凤
梨，塑成同形，一薄一厚彼此交叠，给人相遇和彼此牵
绊的视觉印象，搭配东方意象浓厚的手工荷叶金属小
碟，底部设计脚架撑高，恍若双手小心奉上凝聚全部诚
意的小点，一期一会的相逢更加珍视。

● 德朗餐厅 — 李俊仪 甜点副主厨

■ Plate
器 皿

荷叶形金属小碟

荷叶造型的小器皿具有东方意象，金属质地与手工线条突显高度质感，搭配茶点凤梨酥，深色系衬托凤梨明亮的黄色，提升其精致度。

■ Ingredients
材料

A 法式凤梨酥
B 凤梨

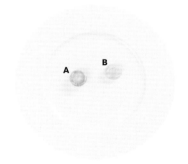

■ Step by step
步 骤

1

2

1. 用抹刀取一颗法式凤梨酥，放在小碟左侧。

2. 再用抹刀将切成与法式凤梨酥相同造型的新鲜凤梨，斜靠在法式凤梨酥上。

德朗餐厅 — 李俊仪 · 甜点副主厨

塔立方的点线面
质感简约的线性美学

体积迷你的小茶点茴香巧克力塔，收放之间要如何拿捏？过多装饰显得繁复刻意，过少又显得单调无聊。此道甜点选择与其造型相同的方形平盘，锡质表面呈现灰棕色，与茴香巧克力塔虽同为暗色系，却以雾面金属光泽做出差异性，立放并缀上银箔拉高视觉，层次感一跃而出。再将原料之一的可可碎豆以对角线撒落，延伸画面，聚焦主体，简单中透露不平凡的线性美学。

器 皿

材 料

A 巧克力塔

B 可可碎豆

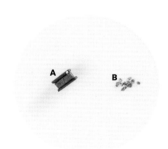

皮革与锡质平盘

以皮革搭配锡质的正方小盘，质感温润，色调独特，
适合盛放精致小巧的茶点，也呼应了茴香巧克力塔方
正的外形，彼此衬托，展现工艺美学。

■ Step by step ──────────────────────────────────────

步 骤

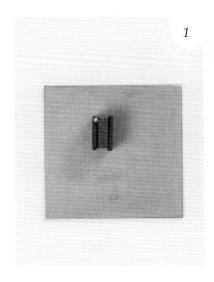

1

2

1. 将巧克力塔立放在盘面左上。

2. 将可可碎豆沿着对角线撒，可用手指轻敲汤匙以控制分量，避免显得厚重。

黑白、冷热、苦甜、平滑与粗糙
包藏强烈对比的魔术小点

巧克力榛果酱塑成圆形，盛装在大盘中，粘满糖炒榛果，再用巧克力沙包覆，叠上夹有白巧克力半冻糕馅的奥利奥饼干，堆叠成丘，最后披上巧克力伯爵茶慕斯，藏起全部食材。表面如光滑的丝绸，大大的盘子上只有一个焦点，展现简洁利落的样貌，却也让人摸不着头绪。一挖下去便是甜苦、沙状与丝滑并存，像是揭开一场猜不透的小小魔术秀的谜底。

Yellow Lemon | Chef Andrea Bonaffini

器皿

材料

A 巧克力榛果酱
B 糖炒榛果
C 巧克力饼干
D 海盐
E 巧克力伯爵茶慕斯
F 巧克力沙

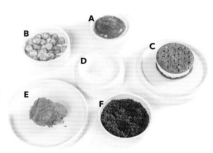

白圆盘

大盘缘予以清新、时尚简约之感，将主角放在小小的
凹槽中，大小对比之下，有强烈聚焦效果。

步骤

1. 挖一匙巧克力榛果酱至盘中央。

2. 糖炒榛果粘满巧克力榛果酱。

3. 用勺子取巧克力沙，覆盖巧克力榛果酱，呈小沙堆状。

4. 巧克力饼干平放在巧克力沙堆上。

5. 在巧克力饼干上撒一些海盐。

6. 用氮气瓶把巧克力伯爵茶慕斯挤在巧克力饼干上，
完全覆盖后向上轻拉，呈水滴状。

大方展演甜点元素
流露南国热情的甜美小点

焦糖凤梨酱搭配花生酥饼，展现浓郁粗犷的热带风情，点缀覆盆子，可使原本偏暗沉大地色调的盘面瞬时提亮，充满娇艳的生命力。于酥饼上叠加巧克力蛋糕、焦糖凤梨、覆盆子等多重小巧的元素，使口感与画面缤纷立体，再将较具分量的尺寸相同配料一一摆上盘面，使摆盘致趣大方，丰富却不流于杂乱。

Angelo Aglianó Restaurant | Chef Angelo Aglianó

器 皿

白瓷圆平盘

简单洁白的圆平盘，是便于盛装蛋糕、塔类与饼干的
经典食器款式。

材料

A	焦糖凤梨丁
B	方块酥饼
C	巧克力蛋糕
D	覆盆子
E	薄荷叶
F	榛果粉
G	花生酥饼
H	椰子兰姆奶油
I	椰香雪贝
J	凤梨酱

步 骤

1. 用裱花袋在平盘中央挤上一小球椰子兰姆奶油预做
固定，摆上花生酥饼，再挤一小球奶油，叠放巧克
力蛋糕。

2. 夹取焦糖凤梨丁，摆满巧克力蛋糕表面。

3. 用裱花袋在凤梨丁空隙，以点状挤上椰子兰姆奶油，
使凤梨丁与奶油如棋盘格交错，布满蛋糕表面。

4. 在凤梨丁表面，将切成角状的覆盆子切面朝上交叠
成圈，再以三角构图放上薄荷叶，增加立体度。

5. 在花生酥饼侧边放上一匙榛果粉，再沿周边挤上数
球奶油，并摆放方块酥饼、焦糖凤梨丁、覆盆子，
最后挤上由大至小的三滴凤梨酱，整体绕主体成圈。

6. 挖椰香雪贝，呈橄榄球状置于榛果粉上。

极简点线╳饱和色块
来自抽象符码的诗意想象

构图概念来自西班牙超现实主义画家米罗的作品《蓝色二号》。《蓝色二号》以大片饱和的蓝色为底，画上一条粗犷的红线与十二个大小不一的黑色圆点，引人投身极简符码，恣意解放在蓝色梦幻中。因此采用米罗作画时最常用到的五种颜色：红、蓝、绿、黄、黑之中的绿与黑，黑盘为底，达克瓦兹饼为线、香草冰激凌与鲜奶油为点，浓厚的酪梨酱以粗犷的笔触定出视觉焦点，通过三角构图营造生命的律动感，洗练的画面予人童稚的诗意想象。

黑色褐纹圆盘

深色而有光泽的圆盘，中间刻有一块褐色线条，呼应
本道盘饰概念——米罗的《蓝色二号》，以点线与饱
和色彩构成，并衬托明亮、浅色系的食材。

■ Ingredients
材料

A 香草冰激凌

B 鲜奶油

C 达克瓦兹饼内夹烤布蕾

D 酪梨酱

■ Step by step
步骤

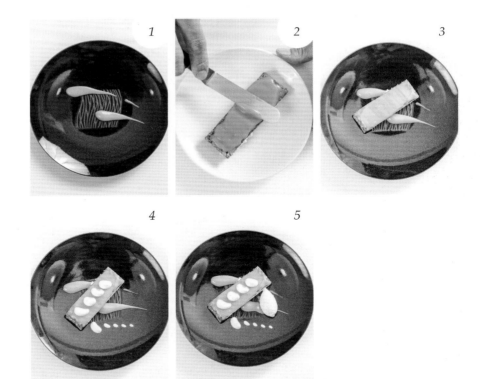

1. 用汤匙在盘子中间与中间偏上的地方，滴画出两道
   流星般的酪梨酱线条。

2. 用抹刀将厚厚的一层酪梨酱均匀涂在达克瓦兹饼上。

3. 将已涂上酪梨酱的达克瓦兹饼，以右上左下的 60°
   角摆放在两道酪梨酱线条中间。

4. 抹刀上沾鲜奶油，在达克瓦兹饼上点上四个有高度
   的半月形。再与达克瓦兹饼呈 60° 角的直线，由左
   至右、由大到小点上五点鲜奶油。

5. 用汤匙将香草冰激凌挖成橄榄球状，与达克瓦兹饼
   和五点鲜奶油合成一个正三角形。

维多利亚酒店

Chef Marco Lotito

同心弧线烘托出视觉焦点
打开康诺利　改变教父最爱

曾出现在电影《教父》中的香炸奶油卷 (Cannoli)，是西西里最具
代表性的甜点之一，是意大利每个家庭都会做的家常甜点。它以面
粉、蛋、可可粉和马萨拉酒炸成酥酥脆脆的卷皮，再填入瑞可塔起
司 (Ricotta Cheese) 构成最经典的搭配。而此道"改变教父最爱"重
新诠释了康诺利，将外皮以烘烤的方式做成饼状，层层叠叠夹入瑞
可塔起司，佐以芒果和火龙果，以圆为核心画出金黄色弧线，衬亮主
体较暗沉的色彩，托出视觉焦点，其他食材也绕着圆心创造简单的韵
律感。这道饼干呈现出了传统甜点的新样貌。

■ Plate
器 皿

白圆盘

表面平坦的圆盘能使摆盘不受局限，如一张大画布，
适合随兴画盘。无盘缘的平盘则能带出简单利落的现
代感，与主体造型相呼应。

■ Ingredients
材 料

A 瑞可塔起司酱　　**E** 烘干草莓片
B 紫苏叶　　　　　**F** 煎饼
C 芒果酱　　　　　**G** 杏仁脆片
D 玉米片　　　　　**H** 火龙果冻

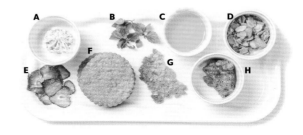

■ Step by step
步 骤

1. 用汤匙快速而随兴地在盘中刮满芒果酱弧形线条，
线条方向尽量围绕圆心。

2. 将煎饼置于圆盘中央，并用裱花袋将瑞可塔起司酱
挤在煎饼上，重复往上叠三层。

3. 将杏仁脆片横插在最上面一层瑞可塔起司酱上。

4. 将三小株紫苏叶以三角构图放在煎饼外围。

5. 在煎饼和紫苏叶之间，用裱花袋点上一圈火龙果冻。

6. 在紫苏叶与火龙果冻之间，放上些许烘干草莓片和
玉米片即成。

盐之华法国餐厅 — 黎俞君　厨艺总监

恣意叼一根西西里康诺利
透明盘面上的甜蜜武器

西西里的经典甜点康诺利，长条造型，为意大利历久不衰的家常
手拿小点，将常见的奶油油炸外皮，改为面包状，烘烤成一圈一
圈如毛毛虫般，放在如烟灰缸的透明盘面，一长一短随兴散落。
一排草莓片像烧红的火，向上缭绕一圈出现白巧克烟，开心果则
是捻熄的痕迹。电影《教父》里的杀手行凶后仍未忘记带走的美
味，恣意叼一根西西里康诺利，咬下的满是甜蜜。

器 皿

五角形透明盘

透明盘面予人不拘、自由与轻盈透亮的视觉感受，再加上不规则的五角造型，打破传统盘面造型的思维，富有强烈性格，盛装西西里传统手拿小点，更能彰显焦糖的表面光泽，营造轻松随兴的氛围。

■ Ingredients

材 料

A 开心果起司酱
B 开心果碎粒
C 西西里康诺利
D 开心果
E 草莓
F 食用花
G 糖丝

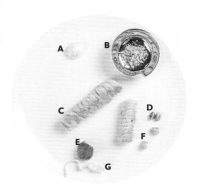

■ Step by step

步 骤

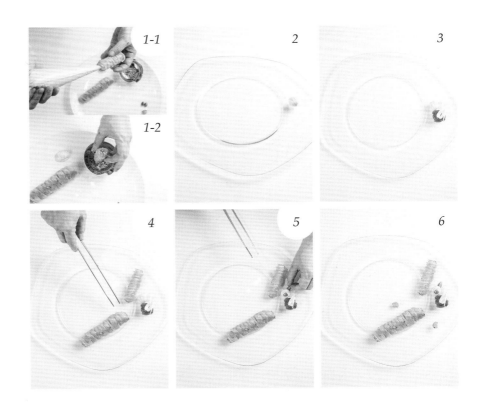

1. 用裱花袋将开心果起司酱挤入西西里康诺利里，再于其两端粘上开心果碎粒。

2. 用裱花袋在盘缘挤上一小球开心果起司酱。

3. 在开心果起司酱旁摆上并排的切片草莓，并在其上方缀上糖丝。

4. 将步骤 1 的西西里康诺利，依食器的不规则边角平行摆放。

5. 将开心果粘在开心果起司酱上装饰。

6. 西西里康诺利旁点缀两朵食用花。

Angelo Aglianó Restaurant | Chef Angelo Aglianó

香酥浓郁的意大利家常小点

电影《教父》中黑手党大哥念念不忘的家乡美点，就是这道来自西西里岛的康诺利。意式风格摆盘概念崇尚简单，致力呈现香炸奶油卷主体，留下略经修饰的空旷盘面即可。传统吃法多将瑞可塔起司内馅填入香炸奶油卷后直接食用，在此为使摆盘更慎重、美观，则选用樱桃片、凤梨丁、开心果碎等色彩缤纷的果物点缀香炸奶油卷的两端，并撒撒开心果碎点缀盘面与提味。

器 皿

白瓷造型方盘

平整的方盘适合盛装香炸奶油卷等所需面积较大的食物，盘侧的特殊卷褶造型则与香炸奶油卷辉映成趣。

■ Ingredients
材 料

A 瑞可塔 (Ricotta Cheese)

B 樱桃片

C 开心果碎

D 凤梨丁

E 西西里香炸奶油卷

F 巧克力冰激凌

■ Step by step
步 骤

1. 抓取开心果碎，于盘面细细撒撒。一侧面积小而集中，用以固着冰激凌；一侧面积大而稀疏，用以放置香炸奶油卷。

2. 向西西里香炸奶油卷中填充瑞可塔，再于香炸奶油卷两端蘸取开心果碎。

3. 缀饰樱桃片、凤梨丁，完成香炸奶油卷本体装饰。

以指尖轻弹筛网边缘，于香炸奶油卷表面撒上糖粉。

4. 在大面积开心果碎上挤一小球瑞可塔固定，摆上香炸奶油卷。另一边开心果碎上摆放橄榄球状的巧克力冰激凌。

5. 甜点盘饰完成图。

方形黑盘框景下的
落英缤纷与一把和扇

巴黎的平民美食可丽饼，以黑方盘衬出不同于一般的东方美。黑色
方形平盘的细边框借鉴古典园林构景手法之一，利用窗的框架，将
窗外的风景嵌入，有效地聚焦视觉。扁平的可丽饼做成折扇状，与
简单而富有速度感的画盘线条及缀饰，创造空灵、流动的画面。整
体皆以对称、三角构图，将黑盘摆为菱形，分为上下两部分，使画
面稳定、平衡，再加上简单的自然色调，薄荷覆盆子、开心果碎和
蓝莓搭配，就是一道令人屏息的美丽景致。

L' ATELIER de Joël Robuchon à Taipei ｜ 高桥和久 甜点主厨

器皿

黑色方盘

存在感强烈的方盘，如画纸一般，需要仔细思量空间
配置和食材造型，特别是几乎没有盘缘的平盘，面积
大，适合画盘创作。此方盘为黑色，能够强烈衬托出主
体可丽饼的明度，以及其他红绿对比色的食材。另外，
可丽饼为薄薄的平面，使用大平盘方便分切、食用。

材料

A	可丽饼	**L**	蓝莓果酱
B	杏仁角	**M**	柠檬奶油酱
C	起司酱		
D	蓝莓		
E	薄荷叶		
F	香缇鲜奶油		
G	香草布蕾酱		
H	覆盆子		
I	开心果粉		
J	乳酪冰激凌		
K	酥菠萝		

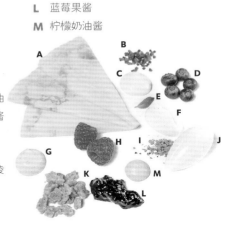

步骤

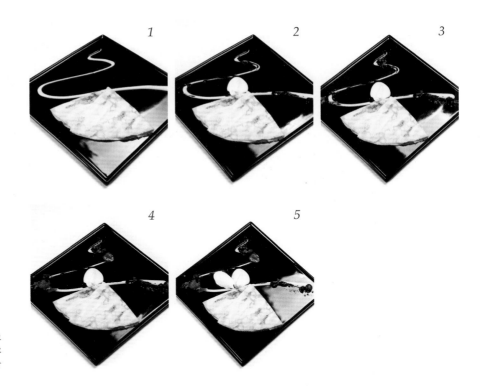

1　　*2*　　*3*

4　　*5*

Tips:
固定冰激凌的酥菠萝，
也可以用脆片或其他粗
糙质地的食材代替，但
为使口味一致，通常会
采用已使用到的食材。

1. 盘子摆成菱形，用裱花袋在盘子中下部画出弯曲、
有速度感的香草布蕾酱线条。再将已挤入起司酱、
柠檬奶油酱、蓝莓果酱及酥菠萝为馅料的可丽饼，
对折再对折，呈交错扇形，开口朝上，摆在弯曲线
条的正下方。

2. 顺着弯曲线条，用汤匙垂直将蓝莓果酱洒落在线条
上，再挖一小球香缇鲜奶油，紧靠在可丽饼底端左侧。

3. 顺着弯曲线条，以三角构图撒上少许杏仁角和开心
果粉。

4. 覆盆子切半，切面朝上放在杏仁角和开心果粉构成
的三角的其中两个角上，接着在三个角上各摆一颗
蓝莓，最后将薄荷叶放在左侧的角上。

5. 在香缇鲜奶油左侧，撒一点酥菠萝作固定用，再以
汤匙挖乳酪冰激凌，呈橄榄球状斜摆在酥菠萝上。

漩涡线条引领视线
追逐梦幻粉桃飞蝶

主体法式薄饼造型扁平，因此通过食材堆叠创造
立体感，搭配内深外宽的白盘，以轻盈透明的粉
色细线，缀上精巧如蝶的美女樱，一圈一圈如梦
似幻，带领视线来到亮眼的法式香橙薄饼。橘
黄、粉桃两色表现暖春的花园色彩，为酸酸的香
橙营造一丝甜蜜氛围。

北投老爷酒店—陈之颖 集团顾问兼主厨—李宜蓉 西点师傅

器 皿

白色飞碟盘

如飞碟般的白色圆盘，大面积盘缘向下、向外扩展，
通过明亮色彩画盘拉提视觉，使其轻盈；中间则为有
深度的凹槽，适合盛装有酱汁的食材，避免溢出。

材 料

A 美女樱
B 焦糖柳橙
C 薄荷叶
D 香草冰激凌
E 法式薄饼
F 糖渍柳橙皮
G 覆盆子果酱

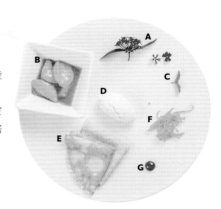

步 骤

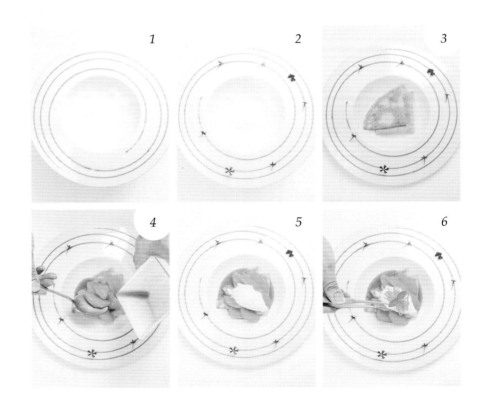

1. 将盘子置于转台上，一手旋转，另一手挤覆盆子果
酱于盘缘，画成三圈细线。

2. 将各色美女樱交错粘在覆盆子果酱的线条上。

3. 将两片法式薄饼对折再对折，呈扇形，平行交叠于
盘中央。

4. 数片焦糖柳橙随意叠在两片薄饼上，并淋上焦糖柳
橙的熬煮酱汁。

5. 把香草冰激凌挖成橄榄球状，斜斜叠放在焦糖柳橙上。

6. 将糖渍柳橙皮叠放在香草冰激凌上，再缀饰一小株
薄荷叶。

● Nakano 甜点沙龙 ｜ 郭雨函 主厨

投掷刀叉
凌空模拟趣味框景

Rhapsody 意为狂想曲，想象食用甜点时刀叉飞向盘内的画面，将原在盘外的餐具置入盘中，实践有如电影画面般的想象。简单的切片千层可丽饼与冰激凌，利用餐具和糖片，棱棱角角个性十足，做出凌空的效果挑高视觉，前方留白，给予冰激凌融化流泻与分切的空间，享受拔下刀叉、折断糖片的趣味。

器皿

材料

A 千层可丽饼
B 糖片结合刀子
C 糖片结合叉子
D 牛奶冰激凌
E 薄荷叶

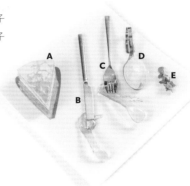

白色正方盘

在计算刀叉高度后，选择盘面较大的盘子，让画面不致头重脚轻，产生拥挤、不协调感，为了配合运用糖片盘饰，平坦的底部应易于粘黏固定。以纯白突显主题；方形带来利落、个性与存在感，框住这番奇想。

步骤

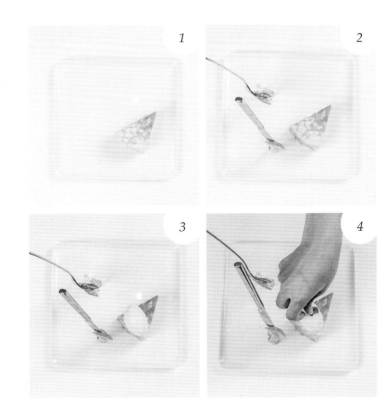

Tips：

结合糖片的刀叉需等待凝固，这一步要事先完成。而铁制的餐具较重，要用较厚的糖片来支撑，粘黏上盘固定的时间也相对较长。

1. 将千层可丽饼摆放于盘中靠左上角的位置，三角尖端朝向盘边，饼体中心线与对角线平行，让食用者能看到蛋糕体的剖面纹理。

2. 两个糖片的底部以喷射打火机点火烧融，刀子造型的粘在千层可丽饼右后方，叉子造型的粘在盘中靠右下角的位置。

3. 用汤匙将牛奶冰激凌挖成橄榄球状，摆在千层可丽饼上面。冰激凌会融化流泻至盘面，延伸视觉。

4. 最后在牛奶冰激凌表面装饰一小株薄荷叶。

左右集中单边破格
圆形布里欧修的完美相遇

将传统法国奶油面包布里欧修，从常见带小头或者圆边方形的样貌变为完美的立体球形，外边再半裹上焦糖。圆盘中两个圆形集中在中间，其中一边通过堆叠、撒粉末做出破格的效果，不完全以左右呈现，而是带点斜度的摆盘方式，左上高而集中右下低而散落，前后高低让整个盘饰能够清楚被看到。亮橘色布里欧修、紫红色无花果、丁香色酸模花，三者色调和谐明亮而温暖。

MUME | Head Chef Kai Ward

器 皿

米白圆瓷平盘

因此道甜点使用了无花果、焦糖等深色食材，故选用浅色的米白圆盘，让主题更聚焦。而其雾面质感及圆形平坦的盘面则让整个盘饰更具时髦感。

■ Ingredients
材料

A 无花果叶冰激凌		**D** 核桃		**G** 焦糖无花果	
B 焦糖布里欧修		**E** 无花果糖浆		**H** 酸模花	
C 无花果叶粉		**F** 无花果果酱			

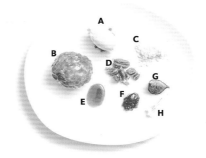

■ Step by step
步 骤

Tips：
因盘子为光滑面，所以将核桃放在无花果叶冰激凌底下，具有止滑的效果，同时口味也可以更加多元化。

1. 焦糖布里欧修放中间偏左的位置，右下侧撒数颗核桃，再用汤匙把无花果叶冰激凌挖成橄榄球状，正摆在核桃上，以汤匙背面轻压，让冰激凌表面形成凹槽，提供一个摆放无花果的空间。

2. 切成角状的焦糖无花果和无花果果酱平均分布在冰激凌的凹槽和外缘上。

3. 用小汤匙随意将无花果糖浆淋在无花果叶冰激凌表面。

4. 无花果叶粉堆放在无花果叶冰激凌左下侧，并用手指拨些许到盘面上，给整体线条做出破格的效果。

5. 最后用镊子夹两三朵丁香色的酸模花，点缀在无花果叶冰激凌上。

● Yellow Lemon | Chef Andrea Bonaffini

视线集中、拉高
立体精致的早餐创意模仿秀

印象中的经典英式早餐必备：煎培根、烤吐司、煎炒蛋，再蘸上番茄酱，
美好早晨就此开始。睡过头了没关系，此道 BK(BreakFast) 全天候供应！
充满奶香味的手作布里欧修，从常见带小头或圆边方形变为对半切的吐司
状，香甜草莓酱颜色深如番茄酱，培根冰激凌冰凉咸甜交错，又有着炒蛋
的外形，香草枫糖片则是如肉一般的培根片。整体往上堆叠、拉高视线，
造型立体而精致，似真似假让人摸不着头绪的味觉、视觉双重感受，将平
常的早餐变为一场令人惊艳的模仿秀！

■ Plate

器皿

白圆盘

选择吃早午餐常见的白圆盘，盛装仿拟美式早餐造型，有着大盘缘，予人以清新、时尚简约之感。将主角放在小小的凹槽中，大小对比之下，有强烈聚焦效果。

■ Ingredients

材料

A 香草枫糖培根片

B 草莓酱

C 布里欧修

D 培根蛋冰激凌

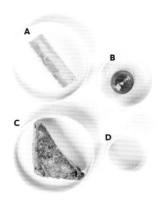

■ Step by step

步骤

1

2

3

4

5

Tips:
为了让冰激凌呈膨松状，倒入液态氮时需不断搅拌。

1. 将布里欧修放在盘子凹槽左半侧。

2. 用挤压器在盘子凹槽右半侧中央处挤水滴状草莓酱。

3. 用液态氮为培根蛋冰激凌急速降温。

4. 用汤匙挖一块培根蛋冰激凌放在布里欧修上。

5. 将香草枫糖培根片斜插在培根蛋冰激凌上，最后再用液态氮定型即成。

春神降临　花的姿态
盒装草坪为盘的创意发想

整道甜点以花作为素材，有接骨木花、玫瑰与各色石竹花。接骨木花作为基底酱料的主要成分，玫瑰酱填入接骨木花酱的凹槽中，以白巧克力片做支撑与分隔，上面再插满属于春天且味道浓甜的红色、紫色、粉色新鲜石竹花，再以亚克力盒装草坪为盘，远远看去仿佛街边一角，透露春天来临的消息，巧妙运用天然元素的组合，自然对比色彼此衬托，成为充满生命力的视觉焦点。

Yellow Lemon | Chef Andrea Bonaffini

■ Plate ···

器 皿

草坪亚克力盒

将人造塑胶草坪放入亚克力盒中，透明盒子既能展现
草坪完整的样貌，又能保持甜点的干净利落，不至于
到处沾染。创意十足的组合，适合用来盛装自然风的
食材，营造天然景致。

■ Ingredients ···

材 料

A 圣杰曼接骨木花酱
B 玫瑰酱
C 白巧克力片
D 石竹花

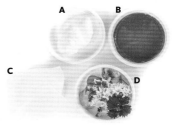

■ Step by step ···

步 骤

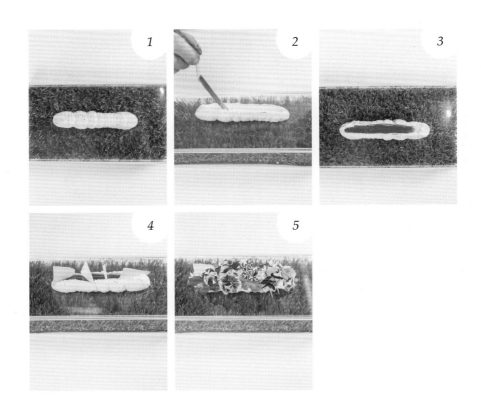

1. 用裱花袋将一条圣杰曼接骨木花酱挤在草坪亚克力
盒的中线上。

2. 用抹刀将圣杰曼接骨木花酱推出一条凹槽。

3. 在圣杰曼接骨木花酱的凹槽中填入玫瑰酱。

4. 取四片白巧克力片，以不同角度平均插在圣杰曼接
骨木花酱上。

5. 将各色石竹花一朵一朵插满圣杰曼接骨木花酱表面
及缝隙，前后左右都要插满。

酱汁打造绿草皮
自然散落出璀璨繁美花海

以花园为发想，大片平坦的绿草上开出点点繁花，因此选用平坦的深圆盘铺上一层浓郁的抹茶酱汁，仿造出草皮的样貌，再以平均散落的点状摆放方式，彼此以圆形呼应又相互交错，让食材如同草皮里冒出的青春枝芽，自然而有活力，也传达出甜豆与麻糬纯粹天然的味觉感受。

北投老爷酒店—陈之颖 集团顾问兼主厨—李宜蓉 西点师傅

器 皿

白色深圆盘

为营造草皮花海，选择白色深圆盘，圆盘平坦、表面光滑，适合当作画布在上面尽情挥洒、铺上底色。其盘缘有高度，能避免大量的酱汁溢出。

材料

A	繁星	I	雪莲子
B	麻糬	J	花豆
C	抹茶酱		
D	甜红菜芽		
E	红豆		
F	甜红菜根		
G	香菜芽		
H	大薏仁		

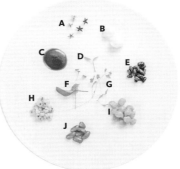

步 骤

1-1

1-2

2

3

4

Tips:

1. 使用抹茶酱铺满盘面时，以手心轻拍盘底，利用震动将酱汁自然填满，并要特别注意酱汁不可太稀，避免抓不住材质表面，做不出漂亮的打底盘色。

2. 以镊子夹取麻糬时，每夹一次可蘸一次水，避免麻糬粘黏，维持其原貌。

1. 在盘中央淋约 10 厘米宽的抹茶酱，再以手掌轻拍盘底，使酱料平均薄薄一层展开，铺满盘面。

2. 以镊子夹取六颗麻糬，平均放在抹茶酱上。

3. 用镊子依次夹取花豆、雪莲子、大薏仁、红豆，平均交错放在抹茶酱上。

4. 用镊子依次夹取甜红菜根、甜红菜芽、香菜芽、繁星，平均交错缀于盘内。体积较大的花草可倚靠在麻糬或豆类等食材上，较小的繁星则可缀于抹茶酱上。

● 北投老爷酒店——陈之颖 集团顾问兼主厨／李宜蓉 西点师傅

情境式盘饰 密封罐与草皮 创造公园野餐的欢乐氛围

使用近日最时兴的密封罐，盛装各式各样常温小点心与水凉奶酪，将密封罐简单摆在草皮上，放上一支木汤匙与掀开的盖子，营造有如一行人正坐下准备开始野餐的欢乐氛围。

■ Plate ──────────────────────

器皿

密封罐　　　　　　草皮木盒

为了让甜点跟上流行趋势，选用近来受欢迎的密封罐，搭配木盒及人造草皮，创造宛如欧洲公园野餐的情境。

■ Ingredients ──────────────────────

材料

A	美女樱（紫）	**L**	意大利脆饼
B	玛德莲	**M**	巧克力饼干
C	香蕉蛋糕		
D	蓝莓法式软糖		
E	百香果法式软糖		
F	薄荷叶		
G	奶酪		
H	综合坚果		
I	美女樱（红）		
J	覆盆子棉花糖		
K	红曲饼干		

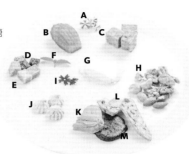

■ Step by step ──────────────────────

步骤

Tips：
摆放食材没有特别限制，唯一要注意的是，干湿点心要分开盛放，避免影响彼此的风味与口感。

1. 第一个密封罐依次放入玛德莲、覆盆子棉花糖、蓝莓法式软糖及百香果法式软糖。

2. 第二个密封罐依次放入意大利脆饼、红曲饼干、香蕉蛋糕，再放上综合坚果。

3. 第二个密封罐最后平放上一片巧克力饼干。

4. 第三个密封罐放入一块奶酪，并在这个密封罐和第一个密封罐上分别点缀美女樱。最后在第三个密封罐放上一片薄荷叶，为白色的奶酪增添色彩。

● 北投老爷酒店 — 陈之颖 集团顾问兼主厨 — 李宜蓉 西点师傅

玩心大发 每个都要尝一口
三层式玻璃器皿盛装多样小点

不同于英式下午茶盘的华丽展演，由下往上食用各式各样精致小点，选择使用金字塔般的三层式玻璃器皿，能享受拆解、组装的乐趣，一边食用一边把玩，自由搭配各种口味，摆放各种小点又不互相干扰味觉，各自以对比色彩交错盛放，透过透明玻璃观看，引发动手玩的小欲望。

■ Plate

器 皿

三层锥形玻璃器皿

三层式大小各异的玻璃器皿，提供拆解组合、自由搭配的乐趣，满足下午茶式的分享与浅尝，而透明材质除了能让色彩缤纷的甜点各自展演，也有着轻盈无负担的视觉感受。

■ Ingredients

材 料

A 奶酪

B 蓝莓

C 芒果丁

D 薄荷叶

E 综合莓果泥

F 覆盆子慕斯

G 古典巧克力蛋糕

H 美女樱

■ Step by step

步 骤

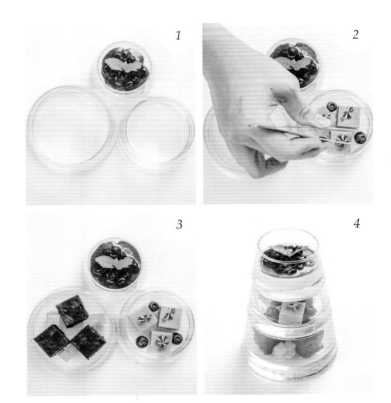

1. 在最小的玻璃器皿中直接制作奶酪，至约 1/3 高，并淋上综合莓果泥，点缀一小株薄荷叶。

2. 将三块覆盆子慕斯以三角构图放入中型玻璃器皿中，各自点缀上美女樱，并在空隙中放入三颗蓝莓。

3. 将三块古典巧克力蛋糕以三角构图放入大型玻璃器皿中，并在三个空隙中各堆叠两个芒果丁。

4. 最后将大、中、小三个玻璃器皿依序堆叠。

天然食器
一体成型的清凉消暑

将椰子解构，把椰肉做成椰浆雪酪、椰奶冰沙。首先在椰壳内铺入糖渍龙眼和青柠椰浆雪酪，重复两层制造丰富的口感，接着再将椰奶冰沙覆盖在青柠椰浆雪酪上面堆叠出层次，最后喷洒青柠汁，上桌时盖上椰壳，翻开来就能闻到青柠的香气，富有特色的外形，简单摆就能表达主题、制造惊喜。

● MUME｜Head Chef Kai Ward

器 皿

剖半椰子壳

椰子剖开后形成天然的碗状凹槽，是良好的盛器。此
盘饰甜点以椰汁为材，剩下的椰子壳拿来当容器，让
主题明确有一致性，盖起来外观是一颗完整新鲜的椰
子，颇富自然趣味。

■ Ingredients

材 料

A 青柠汁
B 椰奶冰沙
C 青柠皮
D 青柠椰浆雪酪
E 糖渍龙眼

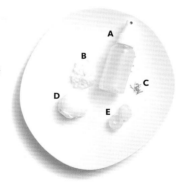

■ Step by step

步 骤

Tips：
本道甜点为冰品，所以
可将椰子壳事先冰镇
过，或者在摆盘前加入
液态氮，让容器能保持
内容物的低温。

1. 取数颗糖渍龙眼摆在椰子壳底部。

2. 青柠椰浆雪酪铺在糖渍龙眼上面，将其覆盖之后，
再用汤匙把表面推平。

3. 步骤 1～2 重复一遍后，将椰奶冰沙覆盖在青柠椰
浆雪酪上面，把椰子壳内剩余的空间填满。

4. 在冰沙表面刨一些青柠皮，以提亮色彩、增加香气。

5. 在食材表面均匀喷洒新鲜青柠汁后，盖上另一半椰
子壳，锁住香气。

● 德朗餐厅 — 李俊仪 甜点副主厨

双层玻璃杯
一大一小分量盛装　清爽沁凉

此道冰沙为饭前甜点，用意在于唤醒味蕾，准备好迎接接下来的美味餐
点。沁凉的马士卡彭冰沙与爽口的西瓜汁，再加上香气独特的芫荽泡沫，
搭配双层玻璃器皿，透明的材质一眼望透西瓜红与泡沫。大杯只需装半
满，营造明亮、舒爽的轻盈感，而一大一小不同造型的杯子，除了有层
次，也可供食用者依照个人习惯增减甜度。

器 皿

大小双层玻璃杯

双层玻璃杯线条圆润，造型优雅，具有透视、轻盈、
耐高低温、冰饮不结水气的特性，能让饮用者保持手
部干爽。透明质地予人清凉、清爽的视觉感受，而大
小杯的搭配高低错落，并可随心调整浓度与甜度，具
有手动操作的乐趣。

材 料

A 西瓜果肉
B 西瓜汁
C 西瓜冰沙
D 马士卡彭冰沙
E 芫荽奶泡

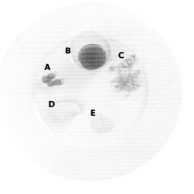

步 骤

1. 西瓜果肉挖成小球，再舀至大玻璃杯内至约 1/4 高。

2. 西瓜冰沙舀至大玻璃杯内，并完全覆盖过西瓜果肉，
   至约 1/2 高。

3. 把一球马士卡彭冰沙置于西瓜冰沙上。

4. 将芫荽奶泡浇淋于大玻璃杯内，至完全覆盖其他食材。

5. 西瓜汁倒入小玻璃杯，即可一并上桌。

灰紫粉绿黄三线交错
柠檬爱玉的另类呈现

灵感来自台湾夜市常见的柠檬爱玉，使用冻柠檬、爱玉等元素，将
传统冰品解构之后重新摆盘，搭配一点抹茶，使其带点苦味，但是
又有白巧克力的甜味，底层再刷上梅子酱，吃起来酸酸甜甜，味道
和色彩缤纷多样，富春天气息，相互陪衬、彼此增色，用水泥灰盘
的稳重带出梦幻而轻柔的感觉。整体构图采用三条线通向同一焦
点，再由右下角的焦点向上堆高，既能平衡画面，些微偏离中心的
摆放方式又增加了整体的活泼度。

MUME | Chef Chen

器 皿

水泥灰圆陶盘

此道甜点使用的颜色皆非常明亮鲜艳，选择低调彩度
的水泥灰陶盘，衬托缤纷的画面。水泥的坚硬与花卉
的轻柔，则有着强烈对比。

■ Ingredients

材 料

A	洛神花粉	**I**	梅子酱
B	冻柠檬肉	**J**	牵牛花
C	爱玉		
D	法式酸奶冰激凌		
E	玫瑰冰沙		
F	白巧克力抹茶		
G	冻柠檬片		
H	抹茶鲜奶油		

■ Step by step

步 骤

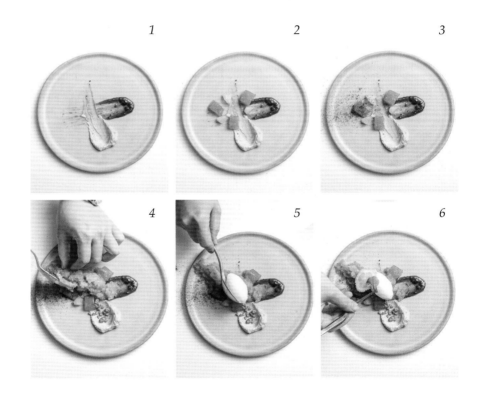

1. 用刷子蘸梅子酱，在盘内从左侧向右刷。抹茶鲜奶
   油用裱花袋挤在盘内 12 点钟之处，以汤匙背面轻压
   成凹槽后，接着往下划，与梅子酱形成十字交叉。

2. 爱玉围着交叉处取三点摆放，再以冻柠檬肉填补爱
   玉间的空隙。

3. 用手指轻捏洛神花粉，撒在盘内右侧。

4. 沿着抹茶鲜奶油凹槽，铺上白巧克力抹茶，从交叉
   处往 4 点钟方向铺放玫瑰冰沙。

5. 用汤匙把法式酸奶冰激凌挖成橄榄球状，斜摆在盘
   子正中间。

6. 冻柠檬片斜铺在法式酸奶冰激凌下方，上方装饰牵
   牛花。

微醺魅力
冰沙马丁尼的诱惑

简单的开胃小点水蜜桃香槟冰沙，品尝过程中逐渐融化，有如啜饮一杯香气浓烈的马丁尼（Martini）。新鲜玫瑰花瓣本身带一点荔枝的味道，搭配荔枝雪酪，除了味觉上的契合，在视觉上更给人一种神秘、诱惑的魅力。通过马丁尼杯托出高度，清楚看到堆叠的线条和简单的色调，也有传达食材特性的意义。

器 皿

材料

A 水蜜桃香槟冰沙

B 荔枝雪酪

C 玫瑰鲜奶油

D 玫瑰花瓣

马丁尼杯

马丁尼作为鸡尾酒的一种，最重要的特色是要够冰，温度愈低愈是对味，其使用的杯子便被称为马丁尼杯，造型以圆锥倒三角玻璃高脚杯为经典，能够完美呈现调酒的色彩和层次。高脚的部分可避免饮用时手直接触碰到杯腹，以致温度升高而坏了风味。

步 骤

Tips:
无论是盛装马丁尼或是冰品，一般来说在使用前都会先做"冰杯"，将玻璃杯冷藏。除了使用时能够保持盛装物的温度，接触到空气时，杯子上还会结一层美丽的雾气。

1. 用裱花袋挤一个玫瑰鲜奶油球，放在杯底正中央距杯底约 1/3 的高度。

2. 水蜜桃香槟冰沙铺在玫瑰鲜奶油上面至杯底约 2/3 的高度后，把冰沙表面整理推平。

3. 用汤匙把荔枝雪酪挖成橄榄球状，斜摆在水蜜桃香槟冰沙上面。

4. 一片玫瑰花瓣粘在荔枝雪酪上装饰即成。

● Angelo Aglianó Restaurant | Chef Angelo Aglianó

特殊圆饼冰沙
花果系清新赏味

以圆形深盘盛装造型特殊的圆饼状杏仁冰沙，以
刷上橙花水的杏仁蛋糕、蓝莓、薄荷叶等多种食
材装饰，搭配只刷半边盘面制造对比趣味的黑莓
酱刷盘，使原本素净的盘面呈现以清新杏仁果香
为主调的丰富美感。蛋糕也切成小巧的一口吃
尺寸，方便取食，不至于抢走杏仁冰沙的主体风
采。整体构图采用简单的三角交错，稳定画面，
点缀浅色的冰沙主体。

器 皿

白瓷圆深盘

因冰沙容易融化，所以选用大小适宜的深盘，方便盛
盘及呼应这款冰沙少见的浑圆外形。而此白瓷圆深盘
还有宽大的盘缘，可利用画盘做变化。

■ Ingredients

材 料

A 橙花杏仁蛋糕

B 橙花水

C 杏仁冰沙

D 蓝莓

E 覆盆子粉杏仁角

F 薄荷叶

G 黑莓酱

■ Step by step

步 骤

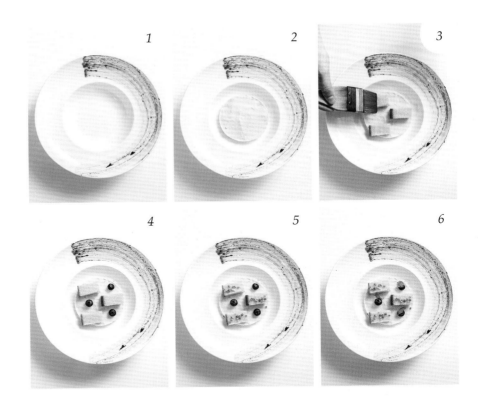

1. 用刷子蘸取黑莓酱，均匀刷满半面深盘边缘。

2. 将圆饼状的杏仁冰沙置于深盘正中央。

3. 在杏仁冰沙表面，以三角构图横向摆上三块橙花杏
仁蛋糕，并刷上橙花水提味。

4. 夹取蓝莓，置于杏仁冰沙表面，使蓝莓与蛋糕如棋
盘格般交错摆放。

5. 在蛋糕表面撒上覆盆子粉杏仁角。

6. 在蓝莓侧边装饰薄荷叶。

盛夏农场暖色渐层
美好富足的多风貌冰品

冰棒、冰激凌、雪酪、雪贝和刨冰等多种冰品组合而成的小梗农场，以暖色调和大地色系为主，再加上多层次堆叠，从前景到后景、由下而上，铺叠出随兴的自然风景。整体将盘面一分为二，以大中小的球状冰为前景，插上手剥巧克力饼干、巧克力牛轧糖和杏仁薄饼，拉高、增加造型的多样性；刨冰堆高成丘，再斜插上渐层色的冰棒为后景，明亮色彩带出视觉的焦点，构筑出丰富多样却不杂乱的自然农场，丰足了一整个盛夏。

● Terrier Sweets 小梗甜点咖啡 | Chef Lewis

器皿

圆木盘　　　　褐色波盘

褐色波盘搭配圆木盘，同为大地色系，质地粗糙，纹路和线条自然而朴实，堆叠出立体感并将视觉向外扩大。为维持冰品的低温，避免快速融化，建议先将盛装甜点的波盘冰镇，衬底的木盘则能方便端盘。

材料

A	综合水果冰棒	**K**	巧克力牛轧糖
B	剉冰	**L**	杏仁薄饼
C	薄荷意式冰激凌		
D	乌龙芒果雪贝		
E	手工炼乳		
F	开心果碎粒		
G	蓝莓雪酪		
H	鲜奶油		
I	蛋白霜		
J	巧克力饼干		

步骤

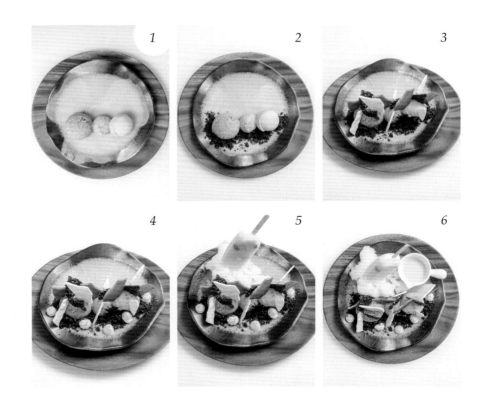

1 *2* *3*

4 *5* *6*

1. 在盘子前方，以大小尺寸不同的挖勺，将薄荷意式冰激凌、乌龙芒果雪贝和蓝莓雪酪，以大、小、中的顺序排成一条直线。

2. 三球的下缘及两侧铺上一层巧克力饼干。

3. 将巧克力牛轧糖、杏仁薄饼、蛋白霜用手剥成适当大小，依次以不同方向交错插在三球上。

4. 沿着巧克力饼干的下缘，用裱花袋等距挤上五小球鲜奶油后，整区撒上开心果碎粒。

5. 盘子后方约 2/3 的面积铺上大量剉冰后，以 45°角斜斜倒插上综合水果冰棒。

6. 将装有炼乳的带把淋酱小皿，把手朝外放在剉冰旁的空位上。

Yellow Lemon | Chef Andrea Bonaffini

溢满果香
重塑其形的迷你水果篮

来自意大利的主厨以西西里传统水果杏仁冰糕为概念，用各
式水果、黑白巧克力和黑芝麻做成精巧可爱的水果造型冰
棒，将大量的冰块堆叠至满，除予人清透感外，也有保冷的
功能。再撒上具清凉香气的薄荷和龙蒿，搭配颜色明亮的百
香果、香蕉及西瓜冰激凌，宛如色彩缤纷的水果篮，让人看
了暑气全消。

■ Plate
器 皿

白汤碗

立体的汤碗，适合盛装大分量甜点，以分享为目的使用。因此在摆放时通常以 360° 观看无正反之分的方式呈现，也因其高度可堆满托高，故能营造出丰富感。

■ Ingredients
材 料

A 水果冰
B 薄荷 & 龙蒿
C 百香果果肉
D 青柠

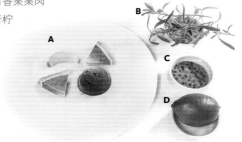

■ Step by step
步 骤

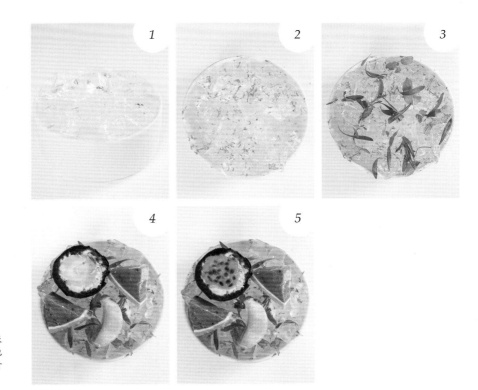

Tips:
端给客人之前，再把液态氮倒在冰上，除了能够保冷定型，也能让青柠跟药草的清香散出。

1. 将冰块放进已冰镇过的汤碗，至超过边缘的量。

2. 刨一些新鲜的青柠皮到冰块上。

3. 薄荷及龙蒿均匀放在冰块上。

4. 顺时针依次将百香果冰、香蕉冰和西瓜冰等放在冰块上。两个西瓜冰一躺一立，让画面看起来更活泼些。

5. 用汤匙将百香果果肉填入百香果冰凹陷处即成。

天外飞来一脚
焦点破格趣味横生

小梗甜点店如其名，店内养了许多只可爱的梗犬，以此为灵感，绿色大块抹茶蛋糕如树，与色彩缤纷的各式水果与葵花苗错落成一条弧线，有如一片森林，而狗掌造型的草莓雪酪冰棒则巧妙融入。为便于拿取享用，将冰棒棍朝外破出盘外吸引目光，营造偷偷伸入盘内想偷吃的趣味情景。小心，森林里有梗，请留意你盘中的美食。

■ Plate
器皿

白色平盘

白色圆盘面积大而平坦，表面光滑，适合当作画布，
演绎大空间，而其无盘缘的造型也给人简约利落的时
尚感，完整呈现盘饰画面。

■ Ingredients
材料

A 蜜渍小洋梨

B 草莓

C 覆盆子

D 塔皮粉

E 覆盆子果酱

F 草莓雪酪

G 巧克力饼干碎

H 抹茶蛋糕

I 香橙焦糖酱

J 葵花苗

K 黑莓

L 樱桃

■ Step by step
步骤

Tips:
Caviar Box（仿鱼卵酱
工具），分子料理常见
器具，将食材塑形为仿
鱼卵的球体，可于一般
烘焙、厨具用品店购入。
使用于画盘时，为做成
点状效果而非球状，建
议将 Caviar Box 微微
悬空，先挤出些许酱汁
后，再蘸点于盘面，避
免与盘面推挤而变形。

1. 使用 Caviar Box（仿鱼卵酱工具），将覆盆子果酱
呈网点状点在盘面一角。

2. 手撕抹茶蛋糕，在盘面上方以三角构图摆放。

3. 抹茶蛋糕之间的空隙处交错填放蜜渍小洋梨、切成
角状的草莓、剖半的樱桃和黑莓，呈一条弧线。

4. 将塔皮粉及巧克力饼干碎撒在抹茶蛋糕的左右两侧，

再交错放上几颗覆盆子。

5. 将葵花苗缀于蛋糕上，并于其左右两侧分别点上数
滴香橙焦糖酱。最后将整支狗掌状的草莓雪酪置于
盘面左下角，并与覆盆子果酱画盘交叠，冰棒棍朝外，
方便拿取食用。

一圈一圈
引人入胜的微醺享受

一边喝啤酒，一边听歌，悠哉惬意，主厨以此为题，在盘内画出螺旋，如同唱片上的密纹，也暗喻喝完啤酒后那飘飘然的快感。除了带出意境与画面，螺旋线条富有动态感及聚焦的效果，衬托出向上堆叠的甜点主体。整体使用的色调和材质——米色、褐色、浅褐色、黑色，不规则状、粗糙面、扎实，皆有大地感，自然朴实，温暖舒服，让人放松。

MUME | Head Chef Kai Ward

■ Plate
器 皿

黑色圆平盘

此黑色圆平盘呈现的自然感呼应了设计理念中轻松自
在的感觉，扎实有重量，似树皮纹路的粗糙表面，
与啤酒冻的亮面质感呈现反差，深色的背景也衬托
了主体。

■ Ingredients
材料

A 啤酒冻
B 坚果巧克力
C 香草啤酒冰激凌
D 麦芽卡士达酱
E 牛奶脆片
F 巧克力榛果碎

■ Step by step
步骤

Tips：
一般会使用转台画盘，
若要使用托盘挤出漂亮
的螺旋线条，应首先置
其于光滑桌面上高速转
动，然后手持裱花袋在
正中间先挤 3 秒钟，再
以稳定速度往外拉，线
条的间隔才会一致。

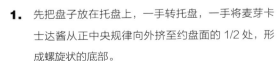

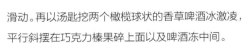

1. 先把盘子放在托盘上，一手转托盘，一手将麦芽卡
士达酱从正中央规律向外挤至约盘面的 1/2 处，形
成螺旋状的底部。

2. 将坚果巧克力铺在螺旋线条的右侧，再在坚果巧克
力上、中、下的位置，左右交错摆放啤酒冻。

3. 三颗啤酒冻之间铺巧克力榛果碎，固定冰激凌防止

滑动。再以汤匙挖两个橄榄球状的香草啤酒冰激凌，
平行斜摆在巧克力榛果碎上面以及啤酒冻中间。

4. 在香草啤酒冰激凌表面撒上些许巧克力榛果碎。

5. 取三片适当大小的牛奶脆片，直立粘在两颗冰激凌
的上下位置，具有向上延伸的效果。

夏日冰凉时光
玻璃深盘轻盈聚焦

酸酸的莓果酱汁搭配香甜的覆盆子冰激凌和薄荷巧克力冰激凌，加上新鲜水果、酥软的焦糖榛果碎粒和香蕉蛋糕，增添口感层次和多样色彩，制成夏日冰凉爽口的甜品。全部食材以相同大小堆叠成丘，衬以透明盘面，创造丰富却无负担的清凉感受。

● 北投老爷酒店 — 陈之颖 集团顾问兼主厨 — 李宜蓉 西点师傅

■ Plate
器皿

玻璃飞碟深盘

此款飞碟状的深盘，中央设计较小且圆，适合放置分
量小、汤汁丰厚的餐点，也能避免冰激凌化开而溢
出。玻璃材质带有颗粒气泡，能增添清透、凉爽感。

■ Ingredients
材料

A 蓝莓

B 综合莓果泥

C 草莓

D 薄荷叶

E 焦糖榛果碎粒

F 覆盆子冰激凌

G 薄荷巧克力冰激凌

H 香蕉蛋糕

I 奇异果

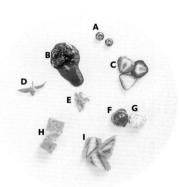

■ Step by step
步骤

Tips:
奇异果切成角状的方
法：去皮后切掉带蒂头，
纵向对切再对切成 1/4
块，接着从中段斜面切
入一刀即成。

1. 将综合莓果泥放入盘中。

2. 以三角构图放上三块切成角状的奇异果，尖端朝外；
再将三块剖半的草莓与奇异果交错摆放，剖面朝上。

3. 将两块香蕉蛋糕叠于两侧。

4. 挖四球薄荷巧克力冰激凌和两球覆盆子冰激凌，依
次叠放。

5. 缀饰两颗蓝莓及一小株薄荷叶，并于顶端撒上些许
焦糖榛果碎粒。

MUME | Head Chef Kai Ward

白色冰山
细致纯粹的对比之美

牛奶香草冰沙、释迦冰激凌、释迦果肉和柠檬百里香蛋白霜四项主体皆为白色，通过一层层细致的堆叠包覆、错落穿插如丘，均衡的样貌能够让食用者每一口都吃到一样的味道。底部黑盘在色彩上极度对比，聚焦效果明显。要特别注意的是，插在牛奶香草冰沙上面的柠檬百里香蛋白霜，不宜做得太大太厚，一方面是味道的考量，吃起来不要过甜，另一方面则是整体视觉不要显得厚重

器 皿

材 料

A	牛奶香草冰沙	**F**	菊花
B	释迦冰激凌	**G**	柠檬百里香
C	释迦果肉		
D	柠檬百里香蛋白霜		
E	糖渍柚子		

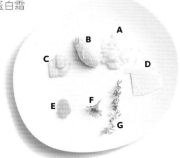

黑色圆形浅盘

食物放在黑色盘子里会形成亮度对比，使其看起来比实际的颜色更鲜明，让四个白色主体显得更白。而其天然釉色在盘缘带点流动状的冰蓝与白，则巧妙呼应主体如冰山的特质。浅浅弧度的盘面适合冰品，可以避免融化的液体流出。

步 骤

1. 将些许柠檬百里香蛋白霜碎片摆放盘底中间，除了味觉上的考量，也是为了给冰激凌防滑。

2. 糖渍柚子围着柠檬百里香蛋白霜平均三点摆放。再将新鲜去籽的释迦果肉，摆在糖渍柚子之间的空白处，做成一个圈。

3. 释迦冰激凌挖成橄榄球状，斜摆在柠檬百里香蛋白霜上面，再以汤匙背面轻压，让释迦冰激凌表面形成一个凹槽，以盛装牛奶香草冰沙。

4. 用牛奶香草冰沙覆盖所有食材，如同一座小山。

5. 随兴剥取数片柠檬百里香蛋白霜，插在牛奶香草冰沙上。

6. 将菊花瓣和柠檬百里香作为点缀，均匀地撒在牛奶香草冰沙上即成。

● L' ATELIER de Joël Robuchon à Taipei | 高桥和久 甜点主厨

经典高雅
由杯盘长成的香甜花园

法修兰甜冰为法国传统经典甜点，主要元素为冰激凌、蛋白饼以及香缇鲜奶油，整体口感比较厚重，因此借由器皿的搭配和食材的塑形，使其在画面上变得轻盈。透明高脚杯可以托高，营造冰凉透亮的感觉，而食材上则使用细长的粉色蛋白饼，拉高视线，并缀上蝴蝶造型糯米纸和金箔，有着要飞舞的自然轻松。色彩上采用经典的黑红两色，用带金粉的黑底盘，衬托色彩鲜红的覆盆子冰、草莓果冻、覆盆子和棒状蛋白饼，就如一座高贵优雅的甜蜜花园。

■ Plate
器 皿

高脚玻璃杯　　　　　　　　珍珠黑白盘

此道盘饰是循着器皿的颜色和造型而设计的，高脚玻
璃杯的造型高挑简约，适合盛装浓郁的冰品，创造出
冰凉清透的感觉。珍珠黑白盘为底，方便端盘，其黑
色圆形在中间聚焦，双色偏斜重叠的盘面和隐隐闪烁
的珠光让整体更加大方时髦。

■ Ingredients
材料

A 覆盆子冰	**F** 玫瑰花瓣	**K** 香草冰激凌
B 蝴蝶造型糯米纸	**G** 香草布蕾酱	**L** 综合莓果酱
C 覆盆子	**H** 奶酪	**M** 金箔
D 棒状蛋白饼	**I** 海绵蛋糕	**N** 水滴状蛋白饼
E 草莓果冻	**J** 香缇鲜奶油	

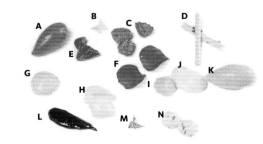

■ Step by step
步 骤

1. 用裱花袋在玻璃杯底挤出一小球香草布蕾酱，再用
汤匙取三小块奶酪，平均间隔，绕着香草布蕾酱摆放。
草莓果冻同样取三小块，与奶酪平均间隔，绕着香
草布蕾酱摆成一圈。

2. 取一小块海绵蛋糕，放在香草布蕾酱上方，然后再
铺上一层综合莓果酱。

3. 用汤匙挖一小球香缇鲜奶油，摆在海绵蛋糕左侧。

4. 先挤一点果糖在杯缘左右两侧，作为黏着剂，再分

别将蝴蝶造型糯米纸和金箔缀上。

5. 用汤匙挖橄榄球状的香草冰激凌及覆盆子冰，并排
斜摆在莓果酱上。

6. 覆盆子对半切，切口朝上摆在两个冰激凌球尖端两
边。两根棒状蛋白饼以交叉方式，直立于覆盆子冰上。
再取一个水滴状蛋白饼放在香草冰激凌上面。最后
将玻璃杯放上珍珠底盘，以玫瑰花瓣装饰。

● Le Ruban Pâtisserie 法朋烘焙甜点坊 — 李依锡 主厨

既能成熟高雅
又能狂野分明

选用黑白格纹镶边、略带深度的圆盘，既能衬托甜点的深浓色调，又能与痛快浇淋流淌而下的樱桃酱一起，营造出宛如赛车的速度动感。至于水平散置的巧克力沙布列与立体嵌于樱桃巧克力顶端的核桃脆片，其粗犷脆硬的质感使摆盘更有层次。在樱桃巧克力宛如贵妇般成熟高雅的气质之外，又彰显出耐人寻味的趣致与个性。

器 皿

黑白格瓷盘

镶饰黑白格纹的圆盘传达出微妙的速度感，除呼应巧
克力的深褐色调并聚焦主体外，也呼应了樱桃酱顺畅
流淌的概念。

■ Ingredients

材 料

A 樱桃巧克力冰激凌
B 巧克力核桃脆片
C 樱桃酱
D 樱桃
E 巧克力沙布列

■ Step by step

步 骤

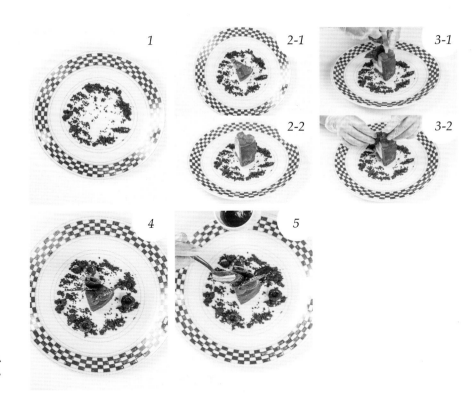

Tips:
*因冰激凌较硬，摆放脆
片时须注意手劲，避免
折断。*

1. 用汤匙将巧克力沙布列散铺于盘面并于中央留下空
白，以调节口感并将其作为画盘背景。

2. 用抹刀以 45° 角将樱桃巧克力冰激凌置于盘中央，
展现侧面结构。

3. 因为樱桃巧克力冰激凌为冰冻状态，表面坚硬，因
此先以刀子在顶端刻出凹痕，再嵌上数片巧克力核

桃脆片。

4. 剖半的新鲜樱桃以三角构图缀于盘面以及樱桃巧克
力冰激凌顶端，樱桃切面朝上。

5. 舀取充足的樱桃酱自冰激凌顶端淋下，使樱桃酱顺
畅地自然流淌。

● Le Ruban Pâtisserie 法朋烘焙甜点坊 ─ 李依锡 主厨

桃红粉白
浪漫高贵的玫瑰絮语

主厨选用特殊造型的瓷盘盛装荔香玫瑰冰激凌，盘面的基础视觉便透露出与众不同的品味。摆饰重点在于以覆盆子酱在盘面分散拉出数条花瓣状的弧线，与随意摆放的玫瑰花瓣、覆盆子一起，营造出浪漫、娇美、率真的氛围。浓稠带果泥的覆盆子酱除呼应玫瑰冰激凌的口味外，其外观扎实的丰盛感也与冰激凌的致密质地相得益彰。

器 皿

■ Ingredients

材 料

A 玫瑰花瓣
B 薄荷叶
C 覆盆子酱
D 荔香玫瑰冰激凌
E 覆盆子
F 干燥覆盆子粉末

葫芦凹槽方瓷盘

中央镂有特殊葫芦状凹槽的瓷盘，可直接摆放荔香玫瑰冰激凌，也适合盛装酱汁且不会溢出。方形边缘有着鲜明利落的个性，适合展现力道美。

■ Step by step

步 骤

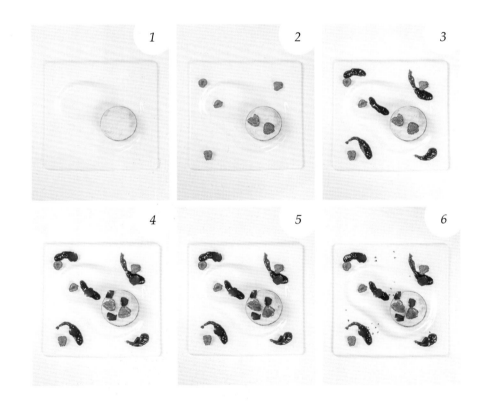

1. 用抹刀将荔香玫瑰冰激凌盛放在盘中凹槽处。

2. 在荔香玫瑰冰激凌上摆两个剖半的覆盆子，并于盘面撒上数个覆盆子。

3. 用汤匙舀取覆盆子酱，在盘面中央及四角随意划出数条花瓣状的线条。

4. 在覆盆子酱与荔香玫瑰冰激凌表面摆上玫瑰花瓣，随意散摆即可，可使画面更生动和谐。

5. 在荔香玫瑰冰激凌表面摆上两片薄荷叶，可以用水果刀微调叶片角度。

6. 最后在盘面上撒些许干燥覆盆子粉末。

琉璃小皿成展台
甜蜜的仿作艺术品

法国传统点心可丽露，外皮焦焦脆脆，内里如蜂巢状，口感湿软富香草气，外形似铃铛，小巧得令人爱不释手。此道冰凉香草可丽露，仿拟其外形，酥脆外皮切开后却是冰凉浓郁的可丽露风味冰激凌，有如艺术品般精致，予人视觉、味觉颠覆性的创意体验。隐藏了诸多惊喜的冰凉香草可丽露，简单放在展台般的仿琉璃小皿上提供反复的旋转观赏，再加上一根香草荚，暗示其味道，营造博物馆内艺术展示的效果。

● 德朗餐厅 — 李俊仪 甜点副主厨

器 皿

透明仿琉璃实心小皿

仿琉璃的实心小皿，锥形雾面如冰块，带来沁凉的感觉，同时预告着即将入口的冰凉。将迷你可丽露托高，如同展示架上摆放精美细腻的艺术品，让人无法转移视线。

材 料

A 香草可丽露
B 香草荚

步 骤

1

2

1. 在器皿中央放上香草可丽露。

2. 在香草可丽露一侧放上 1/2 根香草荚，香草荚部分超出器皿。

德朗餐厅—陈宣达　行政主厨

娇嫩欲滴粉色调
冰雪将融　蜜桃花开

以水蜜桃浓缩果汁制成的水蜜桃冰球，包藏口感丰富、香甜多汁的水蜜桃果肉、白波特沙巴雍、水果风味鲜奶油和覆盆子，色彩粉嫩迷人，并以水果风味鲜奶油画成花朵为底，小心翼翼注入水蜜桃果汁浓缩液，形成浅浅镜面。渐渐融化的冰球，映照花形姿态，就有如初春降临、冰雪融化，绽放出甜蜜幸福的蜜桃花。

器皿

白色宽圆盘

盘缘向外展开的白色宽盘，具有深度，能简单聚焦主体，并适合盛放有酱汁、会融化的冰品。盘面偏薄，大而光洁，予人大气、高雅之感。

■ Ingredients

材料

A 水蜜桃冰球

B 水蜜桃果汁浓缩液

C 水蜜桃果肉

D 百里香

E 白波特沙巴雍

F 水果风味鲜奶油

G 银箔

H 覆盆子

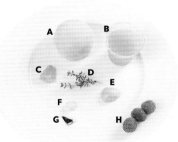

■ Step by step

步骤

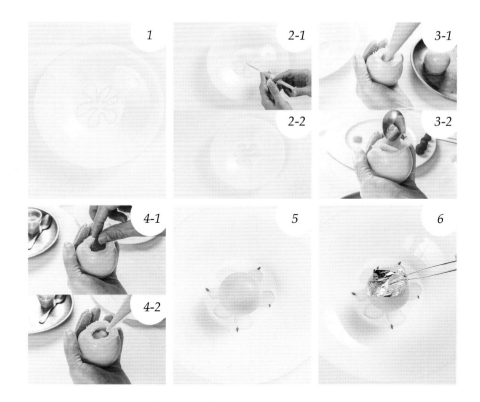

1. 用裱花袋在盘面上将水果风味鲜奶油挤成线条随兴的花瓣状。

2. 为避免线条溢出画盘外，使用针筒吸取水蜜桃果汁浓缩液，填入画盘内。

3. 将白波特沙巴雍及水蜜桃果肉，填入以水蜜桃果汁浓缩液制成的冰球内。

4. 再填入覆盆子，最后以水果风味鲜奶油填满冰球。

5. 将水蜜桃冰球倒扣于盘中央，用镊子夹四小瓣百里香，缀于水果风味鲜奶油线条上。

6. 将一整张银箔粘贴于水蜜桃冰球顶端。

维多利亚酒店 | Chef Marco Lotito

层层上叠拉高视线
圆的娉婷之舞

意籍主厨将代表意大利精神的西西里经典甜点——开心果海绵蛋糕、西瓜，以及白色冻糕相搭配，巧妙地呈现出意大利国旗的绿、白、红三色。突破传统甜点摊平摆放的方式，将食材层层往上叠，构筑出多层次的立体感。覆盆子作为蛋糕支柱，变化出镂空的效果，葡萄醋妆点在西瓜汁上宛如西瓜子，呈柱状的主体与散落的点状酱汁绕着转，跳出明亮简约的舞蹈。

器 皿

白色圆凹盘

最简单基本的白盘，中间有浅凹槽，适合盛装液体、集中食材。盘缘宽广，可以诠释空间性，创造洗练雅致的风格。

■ Ingredients

材 料

A 冻糕 　　　　**E** 饼干

B 西瓜汁　　　　**F** 芝麻饼干

C 葡萄醋　　　　**G** 覆盆子

D 开心果海绵蛋糕

■ Step by step

步 骤

1. 将西瓜汁倒入凹槽中约 1/2 的深度。

2. 饼干放在西瓜汁中央。

3. 冻糕叠在小饼干上后，将覆盆子以三角构图放在冻糕上。

4. 将芝麻饼干叠放在覆盆子上。

5. 开心果海绵蛋糕叠放在芝麻饼干上。

6. 用挤酱罐在西瓜汁上点一圈葡萄醋。

温暖朴实粉灰色调
清爽蜜桃树的欢乐盛宴

此作品取材于形，将水蜜桃树变到盘子里。开心果、水蜜桃和甜罗勒的味道很契合，因此主厨以粉色、绿色和褐色作为三个主色，开心果作为树干，再利用水蜜桃片、水蜜桃凝胶交错堆叠出它的分枝，看起来就好像水蜜桃树一般，果实累累令人垂涎。另外，将甜罗勒油随意淋在冻桂花鲜奶油的表面，除了能够增添口感风味外，还可以加强颜色的丰富与层次感。

MUME | Head Chef Kai Ward

器 皿

浅褐色陶瓷圆平盘

圆盘表面有自然龟裂的纹路和淡淡的粉色光泽，可以
衬托、呼应食材的颜色，也能带出大自然的朴实感。

材料

A　甜罗勒

B　甜罗勒油

C　冻桂花鲜奶油

D　水蜜桃片

E　茉莉花粉

F　水蜜桃凝胶

G　焦糖开心果碎

步 骤

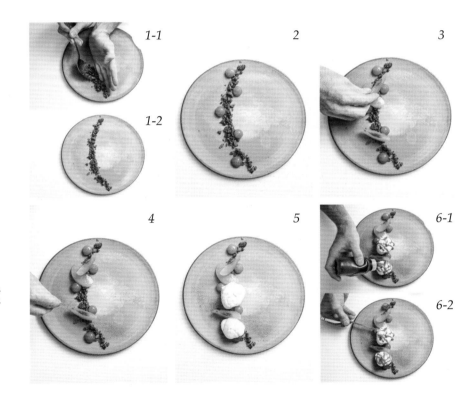

Tips：
考虑到桂花鲜奶油为急
速冷冻，摆盘时应后半
程放入，以避免融化。

1. 在盘子右侧 1/3 处，用手掌辅助形成一条曲线，放
上焦糖开心果碎。

2. 用裱花袋将水蜜桃凝胶左右交错，挤成球状，放于
焦糖开心果碎两侧。

3. 沿着焦糖开心果碎摆放水蜜桃片，第一、第三片斜立，
第二片平躺并交叠，可以看到切片水果不同角度的
形状，不会显得太过工整、死板。

4. 用手指轻捏茉莉花粉，搓撒在盘子上，与焦糖开心
果碎呈一交叉直线，也覆盖到第三片水蜜桃，做出
层次。

5. 在焦糖开心果碎表面的空白处，铺上两块冻桂花鲜
奶油。

6. 甜罗勒油随意淋在冻桂花鲜奶油表面，再将甜罗勒
点缀于焦糖开心果碎的曲线上。

●
台北喜来登大饭店安东厅　许汉家　主厨

娇贵白桃
层次缤纷的立体赏味

安东厅极富盛名的甜点，线条圆润的盘面与玻璃杯营造优雅基调，也衬托出费心熬煮的法国白桃的饱满外形。摆盘则运用玻璃杯的透明质地与深度，以堆叠技巧展现食物的多样层次：先以四球香草冰激凌打底，使白桃自然垫高，再淋上覆盆子酱，使白桃主体更加娇艳明显，并善用巧克力饼、野莓等小物缀饰，完成一道口感、色泽皆鲜艳，富有立体感的甜点。

器 皿

圆盘　　　　　　　玻璃高脚杯

洁白小圆盘与造型圆润的玻璃高脚杯，是呈现甜美杯
饰风格的经典组合。将盘子衬在玻璃杯下，能避免指
纹留到玻璃器皿上，方便端盘。此次选择大开口的玻
璃高脚杯，为了盛装一整颗白桃与数球冰激凌，能给
予大分量的满足。

材料

A　香草冰激凌　　　　F　白巧克力饼
B　法国白桃　　　　　G　黑巧克力饰片
C　覆盆子酱
D　薄荷叶
E　野莓

步 骤

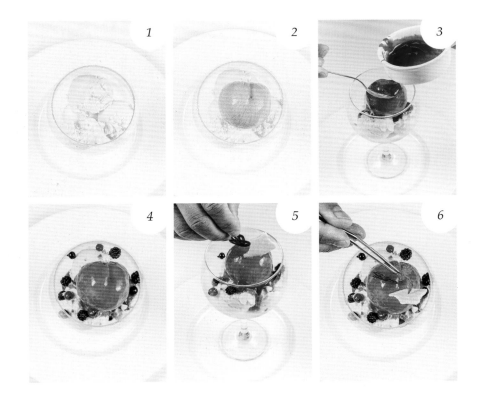

1. 玻璃杯置于盘中央。用冰激凌勺挖取四球香草冰激
   凌作为基底，可固定白桃并增加风味。

2. 用镊子夹取法国白桃，置于冰激凌之上。

3. 从白桃正上方慢慢淋下覆盆子酱，使白桃因均匀染
   上一层覆盆子酱而成为红桃。

4. 用镊子夹取适量野莓点缀冰激凌表面。

5. 在白桃表面交错插上黑巧克力饰片、白巧克力饼，
   使摆盘立体延伸。

6. 在白桃顶端点缀一株薄荷叶。

大地气息回归本质
简单自然的几何游戏

来自意大利的甜点，在盘饰上当然不能摆脱意大利文化。在意大利传统的建筑、绘画中，常常出现几何造型及对称，表现自然界中最纯粹的美感，突显甜点的本质，于是使用典型的方盘，大玩几何游戏。将用肉桂粉、阿玛罗尼红酒炖煮的梨子排成"く"字形，圆形冰激凌加螺旋造型巧克力片置于方盘中央延伸高度，并巧妙地将香草酱由圆形变为蝌蚪形置于两侧对称，在盘中点上四个吸睛的酒红色小点，食材自然、色彩简单，充分体现地中海料理的特性。

维多利亚酒店 | Chef Marco Lotito

■ Plate
器皿

白方盘

光滑的方盘如画布一般，适合创作、画盘。而此款盘子带有圆角，浅浅内凹的弧度，中和方盘刚硬、冷酷的调性，让整道红酒肉桂炖梨子＆肉桂冰激凌多了一份温暖的、柔和的气息，也能避免酱汁和冰激凌融化流出。

■ Ingredients
材料

- **A** 造型巧克力片
- **B** 浓缩阿玛罗尼红酒酱
- **C** 肉桂冰激凌
- **D** 炖煮梨子
- **E** 杏仁饼干碎
- **F** 香草酱

■ Step by step
步骤

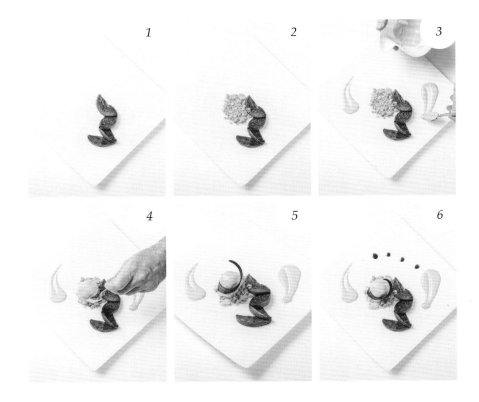

1. 方盘摆成菱形。用汤匙将四片炖煮好的梨子舀至方盘中，交叠摆成两个"く"字形。

2. 舀一些杏仁饼干碎在盘中央，以固定冰激凌、增加口感。

3. 用汤匙在方盘左右两侧各点上一匙香草酱，用匙尖将右侧香草酱往下、左侧香草酱往上各划上一道，使其成为蝌蚪状。

4. 将挖成球状的肉桂冰激凌置于杏仁饼干碎上。

5. 将造型巧克力片放在肉桂冰激凌上。

6. 用红酒酱在方盘下方空白处点上四个小点即成。

冷色调大量堆叠出气场
冰寒交加的纷飞白雪

以冬日酷寒为盘饰概念的综合水果甜点，将日本晴王葡萄制成各种状态：果冻片、碎冰和新鲜果肉，再同塑成圆片，清甜浅淡的绿与银白冷色调交错堆叠成丘。最后撒上如纷飞白雪的冰沙与蛋白霜碎屑，并衬以双层大盘，食材与盘中摆盘技法相互呼应，创造狂风里冰寒交加、凛冽刺骨的视觉想象。

● 德朗餐厅 — 李俊仪
甜点副主厨

■ Plate

器 皿

双层含盖白盘组

双层白盘皆镶上银边，白色深盘光洁简约，宽阔的盘缘予人时尚利落之感，而具有深度的凹槽适合盛放酱汁，并能聚焦主体，再以带有欧式银灰花纹的大平盘衬底，叠出层次，托出高度，高雅大气。而圆润的盖子则能让食用者产生期待感，也为甜点隔绝盘外温度与气味，锁住清新果香。

■ Ingredients

材 料

A 青苹果碎冰
B 西洋梨
C 优格冰沙
D 青苹果果冻
E 蛋白霜
F 晴王绿葡萄

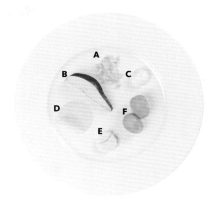

■ Step by step

步 骤

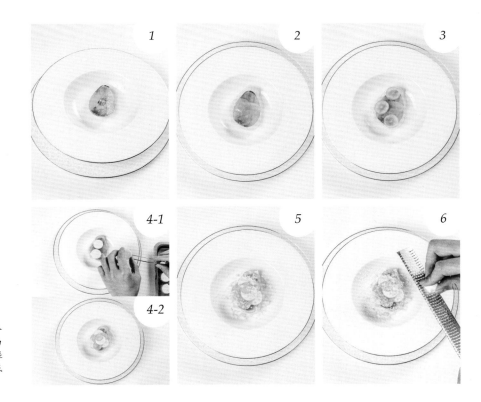

Tips:
使用双盘时，须在两个盘子中间垫上棉布作为阻隔，避免器皿互相碰撞而受损，并可稳固底座，使其不易滑动。

1. 将煎至焦化的西洋梨放入盘中，并注意将其底部事先切平，方便摆放不易滑动。

2. 将三片青苹果果冻交叠、覆盖在西洋梨上。

3. 将三片晴王绿葡萄叠放在青苹果果冻上。

4. 将三块优格冰沙以三角构图叠放在晴王绿葡萄片上，

重复将优格冰沙和晴王绿葡萄两者交错向上叠放，叠成塔状，至约五层。

5. 将青苹果碎冰撒上，覆盖全部食材。

6. 刨些许蛋白霜至青苹果碎冰上。

暖暖内含光
浪漫慵懒的秋日写意

洋梨为主体的甜点，加香料煮过后呈现棕色，而其他食材：焦糖酱、酥菠萝、焦糖巧克力冰激凌、巴芮脆片、太妃焦糖片，也皆为褐色系。将碗底一分为二，左右各自堆叠，同色系深浅交错摆放出层次感，左侧以方块组成，右侧则以圆形组成，并以太妃焦糖片立插做出高度，避免被碗的高壁面遮挡。金棕色的碗壁呼应同色系却带有光泽，保有浪漫慵懒的秋日气息，又隐隐打亮易感暗沉的深色系的甜点，低调而优雅。

● 德朗餐厅—李俊仪　甜点副主厨

器皿

金属漆深碗

内层上含雾面金属漆的手工小碗，金棕色表面折射出微微的光泽，有聚光的效果，而具有深度的小碗能够简单聚焦。但要特别注意摆放的高度，避免平视时视线完全被碗壁遮住。

■ Ingredients

材料

A　焦糖酱
B　酥菠萝
C　香料煮洋梨
D　焦糖巧克力冰激凌
E　巴芮脆片
F　香料冻
G　太妃焦糖片

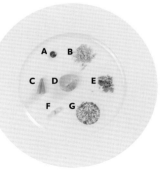

■ Step by step

步骤

1. 将数块香料煮洋梨放入碗中，居于左半边。

2. 将酥菠萝舀至碗的右半边，预作冰激凌的固定。

3. 四颗香料冻左右交错，放在香料煮洋梨上。

4. 用裱花袋将焦糖酱与香料冻交错点至煮洋梨上。

5. 将些许巴芮脆片撒在香料煮洋梨上。

6. 将焦糖巧克力冰激凌挖成橄榄球状，纵放在酥菠萝上，最后横向斜插上太妃焦糖片。

皇室庭院
缤纷华丽的水果女王

糖渍洋梨原是法式料理中常见的甜点，并以大汤盘呈现，主厨以此为发想，用大量的水果、皇冠糖片、花卉以及金色大盘打造多彩隆重的甜蜜庭院。因糖渍洋梨本身色调暗沉，故通过糖衣的包裹和绿色装饰糖叶增添高贵精致的感觉，而多达七种色彩明亮的新鲜水果堆叠于右，用简单线条的皇冠糖片轻覆，衬托出一颗完整洋梨的分量感。底部的双色圆形画盘则是为了聚焦，不让过多的食材分散整体画面。

Nakano 甜点沙龙 — 郭雨函 主厨

器 皿

花边浅凹盘

花边纹饰呈现古典气质，呼应甜点本身华丽的调性。
金色线条表现奢华感，却不会抢走甜点的缤纷多彩，
让画面显得凌乱。大盘面则能演绎隆重的空间氛围。

材料

A	桔梗	**L**	干燥玫瑰	**O**	黑莓
B	白醋栗	**M**	鲜奶油	**P**	蓝莓
C	法国小菊	**N**	覆盆子		
D	天使花				
E	糖渍洋梨				
F	芒果果泥				
G	覆盆子果泥				
H	皇冠糖片				
I	草莓				
J	薄荷				
K	奇异果				

步 骤

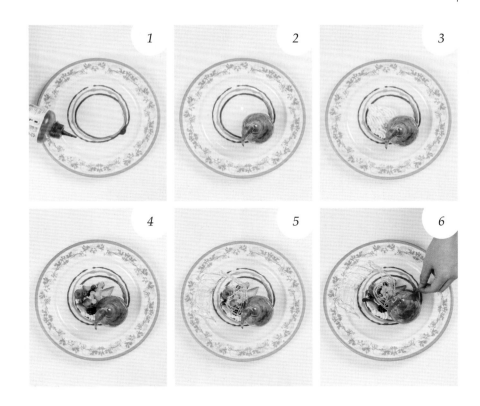

1. 盘子放在转台上，中间挤一圈芒果果泥后，再将覆
盆子果泥任意交错挤两圈。

2. 糖渍洋梨摆放在果泥圆圈的左上角。

3. 用星形花嘴裱花袋将三四条鲜奶油堆叠于糖渍洋梨右
侧的画盘内。鲜奶油同时具有堆高、造型和黏着的功能。

4. 白醋栗、覆盆子、黑莓、蓝莓、奇异果、草莓等水果，
错落堆叠于鲜奶油上。奇异果和草莓的体积比其他
水果大，需事先切成小块。

5. 将皇冠糖片斜倚在糖渍洋梨右侧。皇冠糖片的正面
记得朝前。

6. 天使花、法国小菊、桔梗装饰在水果上，干燥玫瑰、
薄荷装饰在糖渍洋梨前方的画盘上。

红蓝对比　高低落差
展现女王般的戏剧张力

以造型独特的马丁尼杯来盛装主要食材：草莓酒蛋糕丁、卡士达香草馅、草莓、草莓片、覆盆子、鲜奶油以及高竽的珍珠糖片，覆盆子酱则独立放在透明的双层酒杯中，鲜红色彩互相呼应，并借由两器皿间的强烈高低落差，展现出女王般的戏剧张力。托盘上的白巧克力玫瑰及珍珠糖典雅洁白，突显了草莓和覆盆子酱的鲜红色泽，盛装在略有弧度的方白盘上，则让整体显得娇柔而精致。

香格里拉台北远东国际大饭店　董锦婷　甜点主厨

器 皿

蓝色马丁尼杯　　　双层玻璃杯　　　方盘

上下半部色彩不同的马丁尼杯，弯曲的蓝色杯颈延伸
出一个娇柔的角度引人遐思，上半部则为透明圆锥
状，适合盛装分量少的甜点，以此营造丰富感。双层
玻璃杯则盛装覆盆子酱。以方盘为底，展现微微上扬
的优美曲线。

■ Ingredients

材 料

A 覆盆子	**E** 覆盆子酱	**I** 白巧克力玫瑰
B 蛋糕丁	**F** 草莓	**J** 珍珠米糖
C 卡士达香草馅	**G** 草莓酒	**K** 开心果碎
D 鲜奶油	**H** 珍珠糖片	**L** 草莓片

■ Step by step

步 骤

1. 先将马丁尼杯和双层玻璃杯一左一右放在方盘上。
覆盆子酱倒入双层玻璃杯中，至约 1/3 满。

2. 用裱花袋将卡士达香草馅一圈圈挤入马丁尼杯中。

3. 泡过草莓酒的蛋糕丁舀入马丁尼杯中，至约 2/3 满。
将草莓片在马丁尼杯缘排满一圈。

4. 用星形花嘴裱花袋在蛋糕丁上挤两到三圈鲜奶油。

覆盆子尖头朝外，排满鲜奶油外围一圈。

5. 将两颗草莓交错放在鲜奶油中间，再撒上一些开心
果碎。

6. 将两大片珍珠糖片一前一后斜插在两颗大草莓之间
和后面。最后在方盘中放白巧克力玫瑰，并撒上一
些珍珠米糖。

冰热交错　红绿对比
精致小点的强烈冲击

滚烫的抹茶热巧克力与急冻草莓，抹茶绿与草莓红，
无论是在色彩上还是在味觉上都予人强烈的冲击，因
此以小巧的分量呈现。简单具设计感的白色杯盘组，
一口热、一口冰，味蕾上的冰火多重奏，让人沉浸在
丰富的感官体验中。

● 德朗餐厅 ｜ 李俊仪　甜点副主厨

■ Plate

器皿

白色小杯组

纯白典雅的杯盘组合，一杯约可盛装 60 毫升，为精算出的适当分量，整杯饮尽后也无甜腻感。半边向内凹的造型设计感十足；而盘子盛装杯子的部分为非对称，留白处恰巧可摆放大颗草莓，让视觉表现更为平衡。

■ Ingredients

材料

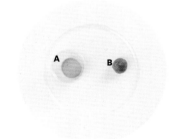

A 抹茶热巧克力
B 草莓

■ Step by step

步骤

Tips:
使用液态氮急冻时，因其温度达零下 196℃，需使用特殊器具操作，避免冻伤。急冻时间约 10 秒，时间太长会让草莓过于坚硬无法入口。

1

2

3

1. 杯子置于白盘上，将抹茶热巧克力倒入杯中，至约八分满。

2. 以银色金属叉固定草莓方便拿取，再放入液态氮中急冻 10 秒。

3. 将急冻草莓置于杯子旁。

各种层次堆叠
由外而内动态聚焦

整体造型以椭圆向上堆叠包覆，呼应盘子的圆却拉长线条，使其不
会过于呆板，且将味道最重的酱料压在底下，越上层越清爽，交错
摆放不同口感的食材，让简单的色调多了层次与变化，而两边面向
前方斜立则制造出动态感，仿佛正在向前进一般，让朴实的甜点有
了新的感受。

● MUME｜Head Chef Kai Ward

器皿

米色冰裂纹浅圆盘

盘子颜色和食材皆为大地色系，再加上自然的冰裂纹路，给人和谐温暖的视觉效果。而略带高度的弧形盘面则考量到食材本身的特性，有粉状物及易融化的冰激凌，避免食用时流淌出来。

材料

A 酒渍香蕉片　　E 焦糖

B 花生粉　　　　F 巧克力甘那许

C 巧克力片　　　G 香蕉冰激凌

D 法式酸奶

步骤

1. 用裱花袋在盘子中间由外而内依次挤出线状椭圆形的巧克力甘那许、法式酸奶、焦糖作为基底，使得味觉和视觉都能平均分布，且具有黏着效果。

2. 绕着椭圆形基底粘一圈花生粒。

3. 用汤匙盛花生粉，一点一点慢慢沿着基底用手指拨下，覆盖住花生粒及最外圈的巧克力甘那许。

4. 酒渍香蕉片以左右对称的方式，朝前方斜插在法式酸奶上。

5. 巧克力片同步骤4左右对称，斜插于酒渍香蕉片之间，做出一个可放置冰激凌的空间。

6. 用汤匙把香蕉冰激凌挖成橄榄球状，尖头的一边与香蕉片和巧克力片一致朝前，摆在最中间的焦糖上。

● Start Boulangerie 面包坊 | Chef Joshua

一明一暗料理画
印象里光影的样子

此道柚子巧克力的盘饰概念,来自于法国印象派画家莫奈的草图,
通过线条表现光影变化,以明暗对比描绘轮廓,画出自然界里的细
腻色彩。借由此技法采用两种一明一暗对比鲜明的酱汁:葡萄酒
浆与综合野莓果酱,在视觉主体糖渍柚肉脆饼的四周交错出粗细不
一的点状与线条。整体结构以四区块分割,让食材平均分布稳定画
面,勾勒出一幅印象派甜点画。

器 皿

材 料

A 糖渍柚肉脆饼

B MOSCATO 葡萄酒浆

C 巧克力

D 肉桂鲜奶油

E 综合野莓果酱（覆盆子、黑莓、蓝莓）

双色圆盘

双色圆盘，浅褐与米白，温和呼应巧克力和脆饼的褐色，大小区块接合隐隐带出色阶层次。丰富简单的盘饰布局，让浅色也能形成对比，突显深色主体。

步 骤

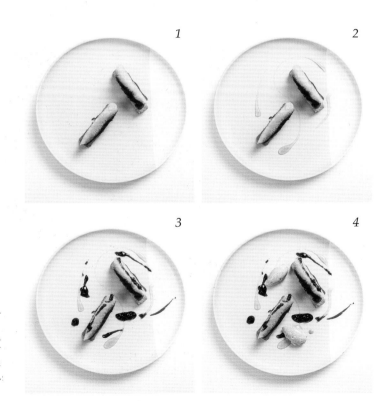

Tips：
画盘时的线条粗细，取决于使用的汤匙造型，尖汤匙可以画出细线条，圆汤匙则相反，可以交叉搭配，多多练习。画线的时候一口气画到底，呈现流畅美。

1. 将盘子一分为二，上下半部各以交叉的角度放上一块糖渍柚肉脆饼。

2. 尖头汤匙舀 MOSCATO 葡萄酒浆，用匙尖在糖渍柚肉脆饼周围的四个区域刮画出线条，中间画出 S 形，两侧则是对称弧线，以画面平衡为重点。

3. 圆头汤匙舀综合野莓果酱，同样以画面平衡为原则，在糖渍柚肉脆饼周围点、刮画出线条，并在糖渍柚肉脆饼上淋一些，增加味道的层次。

4. 用汤匙把肉桂鲜奶油挖成橄榄球状，分别摆在盘内的左上和右下两个地方。

内敛沉稳酒红色
脆片插摆高低层次

无花果、葡萄、黑醋栗三种酒红色的食材，呈现冬日内敛沉稳的成熟色调，以圆形交错摆放，再淋上香气浓郁的波特酒酱汁，让果物浸渍于其中，维持丰沛饱满的水分。再插上黑醋栗脆片，让扁平的盘饰拉高视觉、做出层次，大小不一、外缘呈不规则状，刻意做得薄透、硬脆，除了能让光线穿透，也与其他口感湿润的食材做出对比

● 德朗餐厅 — 李俊仪 甜点副主厨

器 皿

银边白深盘

简洁高雅的白色深盘，银色镶边，富有欧式风情，宽阔的盘缘予人时尚利落之感，而具有深度的凹槽适合盛放酱汁，并能聚焦主体。

■ Ingredients

材料

A 黑醋栗蛋白霜
B 波特酒煮无花果
C 黑醋栗脆片
D 葡萄

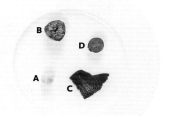

■ Step by step

步 骤

1. 将新鲜葡萄和波特酒煮无花果剖半，并以对角线的方式交错放入盘中，切面朝上。

2. 用裱花袋在葡萄与波特酒煮无花果的外缘四点交界处各挤上一小球黑醋栗蛋白霜。

3. 用汤匙舀波特酒煮无花果的酱汁，从侧边与上方淋入。

4. 手剥三片黑醋栗脆片，各自直立插在葡萄与波特酒煮无花果中间的空隙处即可。

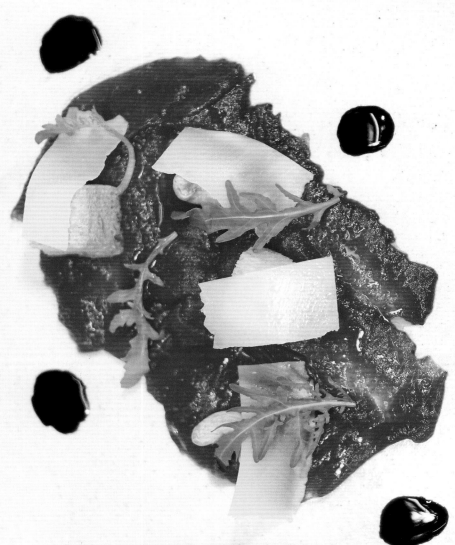

以圆为主的平面对称摆放
仿造视觉印象的翻转概念

以著名的意大利冷盘料理 Beef Carpaccio（生牛肉片）为灵感做成的甜点，运用分子料理的概念，用不同的食材去仿造原本印象中的食物。Beef Carpaccio 的摆盘方式不尽相同，但一般来说，会将生牛肉片切到近透明的状态，摊开后覆上罗勒叶与刨成薄片的奶酪，最后再均匀地撒上橄榄油和柠檬汁，使其表面有光泽。而此道甜点，将西瓜切成薄片剔除籽后，以 80℃烘干 10 小时做成"伪"牛肉，再放上面包丁、腰果、曼奇哥起司、芝麻叶，最后点上摩德纳酒醋，以对称摆放的方式仿拟，一道栩栩如生的西瓜牛肉便完成了。

器 皿

浅灰手工圆盘

特别设计的手工圆盘，具有长时间保持餐点温度的功
能，而自然的浅灰色调则能与西瓜的红色产生对比。
其扁平的表面方便分切、食用。

■ Ingredients

材 料

A 芝麻叶

B 腰果

C 半熟成曼奇哥起司

D 西瓜片

E 浓缩摩德纳酒醋

F 烤过的白面包丁

G 海盐

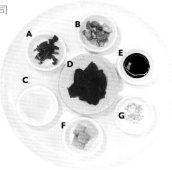

■ Step by step

步 骤

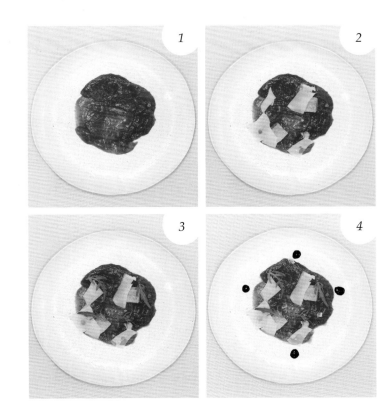

1. 将西瓜片去籽，以 80℃烘干 10 小时后，切成似牛
肉片的样子，交叠在盘子的正中央，摆成圆形。

2. 两颗烤过的白面包丁放在西瓜片的左下和右上，然
后将两颗腰果放在西瓜片的左上和右下，呈正方四
点。再将刨成大大小小薄片的半熟成曼奇哥起司分

别斜放在白面包丁和腰果上。

3. 取较小的芝麻叶置于半熟成曼奇哥起司薄片上点缀。

4. 随意在西瓜片上撒上一些海盐提味。在西瓜片外围
的上下左右各点上一滴浓缩摩德纳酒醋。

● 北投老爷酒店 — 陈之颖 集团顾问兼主厨 — 李宜蓉 西点师傅

重塑食材整齐跃动
饮一杯缤纷水果球

冰凉的夏日甜酒小品，将质地偏软、造型各异的水果：火龙果、西瓜、芒果和哈密瓜，挖成大小一致的立体球状，除了堆叠方便、丰富小点的多样口味外，还让视觉上能够相互呼应，产生清新的跃动感。并借由盛装鸡尾酒的马丁尼杯，以视觉表现酒渍水果的味觉，转化成一杯水果球甜酒小点。

器 皿

马丁尼杯

因此道甜点含有酒精成分，以此为启发选用透明马丁尼杯盛装，其造型以圆锥倒三角玻璃高脚杯为经典，能够完美呈现内容物的色彩和层次。高脚的部分可避免饮用时手直接触碰到杯腹，而破坏了风味。建议事先冰杯，保持甜点冰凉的口感。

材 料

A　酒渍火龙果
B　酒渍西瓜
C　酒渍奇异果
D　奶酒
E　薄荷叶
F　酒渍哈密瓜
G　造型饼干脆片
H　奶酪

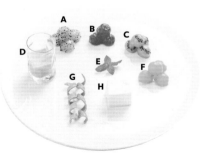

步 骤

1　*2-1*　*2-2*　*3*　*4*　*5*

Tips:
摆放水果球时的顺序以配色好看为准则，交错色彩对比越大，视觉效果越强烈。

1. 将数块切成丁状的奶酪叠放入杯中，至约 1/3 的高度。

2. 依次用镊子夹取挖成球状的酒渍哈密瓜、酒渍火龙果、酒渍奇异果、酒渍西瓜，各四颗一层一层叠放在奶酪上。

3. 将两根造型饼干脆片交叉在水果球顶端。

4. 缀饰一株薄荷叶于饼干脆片交叉点上。

5. 从旁倒入少许奶酒，尽量避免将水果球的表面染色，保持其缤纷原色。

善选杯盘
简单创造小巧精致的法式午茶风

这道马丁尼圆舞曲的食材摆饰并不复杂，巧妙运用有质感的特殊食器，成功营造法式甜点高雅的盘饰氛围。镶黑金花边的白瓷盘，配上带有别致弯角的马丁尼杯，使整体基调变得时尚高雅。透明的玻璃杯身，也能毫无死角地展现甜点本身的甜美风韵与缤纷层次。

台北喜来登大饭店安东厅 —许汉家 主厨

器 皿

马丁尼杯　　　　骨瓷盘

镶黑金花边的白瓷圆盘颇有稳重优雅感，镶边也可使
视觉自然聚焦至盘中央；马丁尼杯则特别选用带角的
特殊造型，增加趣味。将盘子衬在玻璃杯下，能避免
指纹留至玻璃器皿上，方便端盘。

■ Ingredients

材 料

A　时令水果球
B　草莓马卡龙
C　脆饼
D　水果果冻
E　白巧克力慕斯
F　覆盆子酱

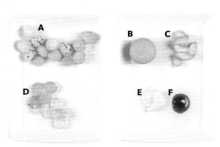

■ Step by step

步 骤

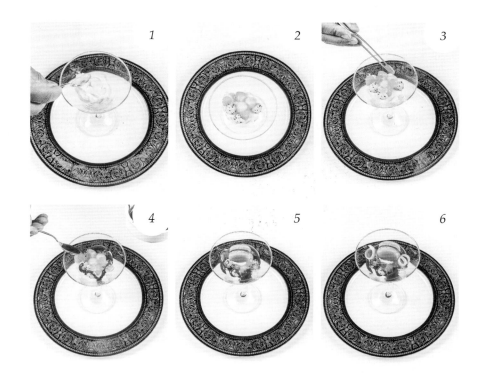

1. 马丁尼杯放在盘子中央。挖取 1/3 杯的白巧克力慕
斯铺底，并用汤匙背面将慕斯略略整理铺平。

2. 用镊子夹取时令水果球，铺满慕斯表面。

3. 用镊子铺上水果果冻，使慕斯表面更为缤纷。

4. 用小匙在水果球、果冻上浇淋少许覆盆子酱，增加

色泽与口感。

5. 在水果球中间用星形花嘴裱花袋挤一球鲜奶油预作
固定，再将草莓马卡龙竖直摆放。

6. 在草莓马卡龙两侧小心摆上脆饼缀饰，完成摆盘。

多样食材以固定造型与整齐交叠
创造缤纷亮眼的跳跳果园

多达10种的新鲜水果：蓝莓、青苹果、血橙、奇异果、火龙果、芒果、凤梨、覆盆子、草莓和葡萄柚。色彩缤纷、形状各异，看起来纷乱、没有重点，因此首先将水果分切、塑形成相同大小的两种形状：圆形和长条形。以三角构图一层一层整齐地堆叠排成圈，通过这样的方式让每种水果都能清楚展现，收拢得错落有致。而将橘子巧克力、蛋白饼、柳橙馅等结合成盘中重心，并加入童年时期最爱的跳跳糖、热热的血橙巧克力酱，便成了一个饶富趣味的缤纷小果园。

台北君悦酒店｜Chef Julien Perrinet

器皿

倾斜外翻深盘

洁白光面、盘缘宽、凹槽深的大碗盘，适合盛装分散
的大分量食材，集中营造明亮、丰盛和热闹的感觉，
也能盛装最后会倒入的血橙巧克力酱，避免溢出。而
宽大、倾斜有高度的盘缘会让整体更立体、有气势，
但也可能带走视线，因此特别在盘缘撒上一圈覆盆子
粉聚焦。

■ Ingredients

材料

A	血橙巧克力酱	**M**	柳橙馅	**P**	草莓
B	跳跳糖	**N**	覆盆子海绵蛋糕	**Q**	橘子巧克力
C	覆盆子粉	**O**	葡萄柚	**R**	血橙冻
D	蓝莓				
E	青苹果				
F	血橙				
G	奇异果				
H	蛋白饼				
I	火龙果				
J	芒果				
K	凤梨				
L	覆盆子				

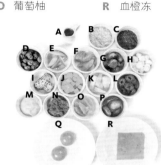

■ Step by step

步骤

Tips:
1. 切水果时，大小、形
状尽量一致，整体会较
有整齐的律动感。
2. 血橙巧克力酱只浇在
橘子巧克力上，意在藉
热热的酱让巧克力球融
化。

1. 将覆盆子粉随兴轻撒在盘缘及盘中央，并在盘子中
   间放上一片覆盆子，固定下一步骤的橘子巧克力。

2. 橘子巧克力剖半，圆面朝下叠在覆盆子上方，用柳
   橙馅填满巧克力凹槽。

3. 将蛋白饼粘在柳橙馅中心，跳跳糖撒在馅上，并用
   另一半橘子巧克力球盖起来呈球状。

4. 第一层，三颗球状火龙果在盘底以三角构图，再依
   次以三角构图用葡萄柚片、青苹果片、奇异果球各

三个将盘底排满。第二层，同样以三角构图，将凤
梨片、芒果丁、血橙片、草莓片、覆盆子片、蓝莓
依序排满。

5. 第三层，将捏成小块的覆盆子海绵蛋糕以及蛋白饼，
   分别以四角和三角构图排成一圈。一片血橙冻整成
   圆形，铺在橘子巧克力上。

6. 将食用花捏成立体状，朝前放在血橙冻上。血橙巧
   克力酱另外装在小牛奶瓶里。

轻盈透亮柑橘花圈

将三种柑橘类水果：葡萄柚、无籽柠檬与柳橙分别去皮膜，再分切成相同大小，使其果肉露出晶透保水的样貌，轻盈明亮的色调绕成花环，再搭配同样清凉的桂花绿茶冰沙，以及薄透的桂花绿茶冻，盛装在透明器皿中，予人清凉爽口的感受。

● 德朗餐厅 — 李俊仪 甜点副主厨

双层玻璃碗

圆润的双层玻璃碗，线条柔和，底部漂浮，造型优雅，具有透视、轻盈、耐高低温、冰饮不结水气的特性，能让饮用者保持手部干爽。透明质地予人清凉、清爽的视觉感受。

A 薄荷叶
B 葡萄柚
C 无籽柠檬
D 桂花绿茶冻
E 柳橙
F 桂花绿茶冰沙

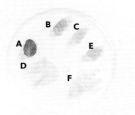

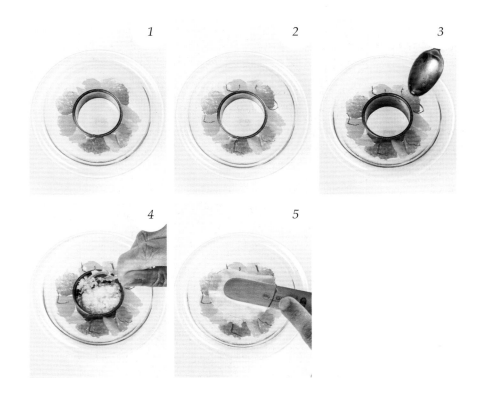

1. 将中空圆形模具置于碗中，再用镊子沿着模具将葡萄柚、无籽柠檬、柳橙交错绕成一圈。

2. 薄荷叶切丝后，平均点缀于一圈水果上。

3. 在水果上浇淋腌渍水果所剩的酱汁。

4. 用汤匙舀桂花绿茶冰沙，填入中空圆形模具中，至与模具等高。

5. 将中空圆形模具小心取下后，用抹刀将两片圆形桂花绿茶冻平铺于桂花绿茶冰沙上。

● S.T.A.Y. STAY & Sweet Tea｜Alexis Bouillet 驻台甜点主厨

相似元素立体叠加
清新童趣交相欢唱

柑橘叠叠乐最大的摆盘特色便是"叠"的乐趣。第一次叠是深盘周边的水平叠加，以蛋白霜饼与柑橘类果肉为重点；第二次叠是深盘中央的立体叠加，以两球雪酪为重心，滋味同样清爽酸甜。两次都以糖片为叠放圆心，以柠檬草为原本明亮的淡色调盘面画龙点睛。最后注入盘中的柚子甘纳许，则使视觉更活泼有整体感。

白瓷圆形深盘

圆形深盘具有深度凹槽、大盘面、宽盘缘，利于盛
装酱汁、汤汁等液体和有高度的食材，集中食材聚
焦视线。

■ Ingredients
材料

A	柠檬草	**E**	柠檬皮屑	**I**	金橘雪酪
B	柚子甘纳许	**F**	香柚蛋白霜饼	**J**	白乳酪青柠雪酪
C	葡萄柚果瓣	**G**	柠檬果肉		
D	糖渍柠檬片	**H**	鲜奶油		

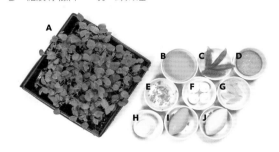

■ Step by step
步 骤

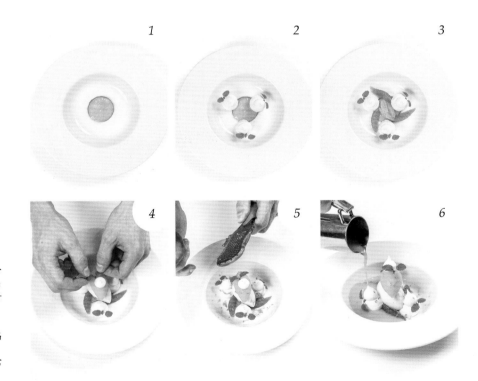

Tips：

1. 叠放相同食材（如雪酪）时，可略微调整角度，使两球雪酪皆能清楚呈现。

2. 注意食材由硬至软，先平面后立体，中央高于周边的铺垫。

3. 雪酪极易融化，也需注意盘饰速度。

1. 夹取糖渍柠檬片，置于盘内正中央。

2. 用裱花袋在柠檬片上以三角构图挤出三小球鲜奶油。夹取三颗蛋白霜饼置于奶油球上，再在蛋白霜饼上分别点缀柠檬草。

3. 夹取葡萄柚果瓣，沿柠檬片周边摆放，并在柠檬片上方摆上柠檬果肉。

4. 开始纵向叠放食材。先在柠檬果肉上方叠放白乳酪青柠雪酪、金橘雪酪，再叠上蛋白霜饼，最后插入数叶柠檬草点缀。尽量以同一中心点向上叠加，使视觉既能立体延伸，又能集中不散乱。

5. 刨取少许柠檬皮屑，使其自然散落于食材。

6. 慢慢注入柚子甘纳许，使其填满深盘并稍稍没过果肉。

Angelo Aglianó Restaurant ｜ Chef Angelo Aglianó

酸甜小巧
一口口的新奇飨宴

将各式水果切成小丁，不仅看起来小巧缤纷，入口时也能一次享受多种水果交织的综合味觉。摆盘时须注意无需堆得太高太尖，而是如小圆丘般最为合宜。此外，将色彩较浓重的火龙果、蓝莓置于柳橙、哈密瓜丁之上，则可跳出原本的黄色调盘面，装饰效果更为艳丽。建议食用前再淋上葡萄柚红酒汁，使视觉、味觉处于最清新的状态，以免久置变色变味。

器 皿

白瓷方形深盘

此款深盘中央设计较小较圆，很适合放置分量小巧、
汤汁丰厚的餐点，而方形盘缘宽大，有着凹凸不平的
纹路，大小对比、寓圆于方，形成强烈聚焦的效果。

材料

A 草莓雪贝
B 水果沙拉丁（葡萄柚、
　　凤梨、哈密瓜）
C 葡萄柚红酒汁
D 火龙果
E 薄荷叶
F 柳橙
G 蓝莓

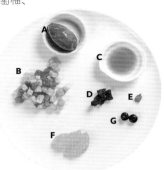

步 骤

1. 取水果沙拉丁置于深盘中央，并以汤匙塑形，堆叠成
　　圆丘状。

2. 夹取两瓣柳橙，分别以对角线置于水果沙拉丁两侧。

3. 夹取两颗蓝莓，分别以对角线置于水果沙拉丁两侧，
　　与柳橙瓣交错。

4. 在水果沙拉表面叠上一小匙火龙果。

5. 由上方注入葡萄柚红酒汁，高度至水果沙拉表面。

6. 在火龙果表面小心摆上挖成橄榄球状的草莓雪贝，再
　　在正中央点缀薄荷叶。

Nakano 甜点沙龙 — 郭雨函 主厨

金色大盘极尽奢华
唯美绚丽的无名花园

以缤纷水果盘为灵感,无名之名透露自由、自然与无限生命力,绚烂多彩,如梦似幻,让人不自觉闯入。此道盘饰通过大小对比、前高后低、向上堆叠的结构,将大盘面一分为二并大量留白。最底层以盘面的色彩线条聚焦,第二层则使用可食用的器皿——花篮糖片盛装、聚集水果,用以突显主体,延伸视觉高度。

器 皿

透明刷金水果盘

水果盘的宽阔大盘面原来是为了盛装各种水果的，展
示开来方便取食，浅浅的弧度能防止各形各色的水果
滚动，以此延伸为水果甜点盘。圆形大盘面能有大片
留白，营造出大气的空间感，再搭配上不规则向内集
中的奢华刷金，有效聚焦数十种食材。

材 料

A	黑醋栗香堤	M	蓝莓	O	草莓
B	草莓香堤	N	覆盆子	P	白醋栗
C	玫瑰花瓣				
D	鲜奶油				
E	抹茶饼干碎				
F	蓝莓饼干碎				
G	可丽露				
H	薄荷				
I	草莓饼干碎				
J	花篮糖片				
K	马卡龙				
L	黑莓				

步 骤

1　*2*　*3*

4　*5*　*6*

1. 用汤匙把黑醋栗香堤、草莓香堤挖成橄榄球状，在盘
中左上角以向下放射的半圆，摆放两球草莓香堤、两
球黑醋栗香堤。

2. 先用星形花嘴裱花袋，在香堤围绕的半圆中挤一球鲜
奶油，作为中心定位；再用圣欧诺黑形花嘴裱花袋，以
鲜奶油球为中心，向左下、右上各拉出一条鲜奶油波浪。

3. 花篮糖片放在鲜奶油球上，篮内再挤一小球鲜奶油固
定位置，也便于粘着其他水果。草莓对半切，剖面朝

上，塞在花篮糖片下加强固定。

4. 白醋栗、蓝莓、黑莓、覆盆子、草莓，交错堆满花篮
糖片以及外围，零星如掉落状。

5. 可丽露与各色马卡龙散落在香堤外圈。

6. 以花篮糖片为中心向左延伸，撒上草莓饼干碎，向右
延伸，撒上抹茶饼干碎，两边再撒上蓝莓饼干碎作
结尾。最后在饼干屑形成的直线上装饰薄荷与玫瑰
花瓣。

70 焦糖布丁佐水蜜桃玫瑰雪贝／90 香橙意式奶酪及莓果雪贝／128 焦糖凤梨花生酥饼佐椰香雪贝／136 传统西西里岛脆饼卷佐巧克力冰激凌／166 杏仁冰沙与橙花杏仁蛋糕／228 季节水果沙拉与草莓雪贝

台北市大安区忠孝东路四段 170 巷 6 弄 22 号
02-2751-0790

Angelo Aglianó Restaurant（安吉洛·阿格连餐厅）｜Chef Angelo Aglianó（安吉洛·阿格连 主厨）

40 糖球搭配柠檬奶油及杏桃／138 蓝莓起司薄饼／180 法修兰甜冰

台北市信义区松仁路 28 号 5 楼
02-8729-2628

L'ATELIER de Joël Robuchon à Taipei（台北侯布雄法式餐厅）｜高桥和久 甜点主厨

32 水果软糖／48 台湾六味／182 樱桃巧克力／184 荔香玫瑰

台北市大安区仁爱路四段 300 巷 20 弄 11 号
02-2700-3501

Le Ruban Pâtisserie（法朋烘焙甜点坊）｜李依锡 主厨

66 金莎／80 茶香布蕾／82 薄荷茶布蕾佐焦糖流浆球／216 牛肉"薄片"

上海浦东新区陆家嘴滨江大道 2972 号
021-5878-6326

MARINA By DN（望海西餐厅）｜DANIEL NEGREIRA BERCERO（丹尼尔·南格里拉·伯西诺）、Sergio Dario Moreno Lopez（塞尔吉奥·达里奥·莫雷诺·洛佩慈）、史正中、宋羿霆、李柏元、汪兴治、陈耀泓、刘隆昇）

60 巧克力／144 无花果／158 椰子／162 爱玉／164 荔枝／174 啤酒／178 释迦／194 水蜜桃／210 香蕉

台北市大安区四维路 28 号
02-2700-0901

MUME（乌梅餐厅）｜ Head Chef **Kai Ward**（凯·沃德 厨艺总监）、Chef **Chen**（陈 主厨）

88 寿司／100 生蚝玛德莲／110 天鹅泡芙／142 飞行刀叉／204 水果皇冠／230 无名花园

桃园市桃园区新埔六街 40 号
0975-162-570

Nakano（中野甜点沙龙）｜郭雨函 主厨

62 巧克立方佐可可亚奶油酥饼与香草冰激凌／226 柑橘叠叠乐佐金橘及粉红香柚蛋白霜饼

台北市市府路 45 号 101 购物中心 4 楼
02-8101-8177

S.T.A.Y. STAY & Sweet Tea（香甜茶餐厅）｜ **Alexis Bouillet**（艾力克斯·布耶）驻台甜点主厨

44 薰衣草甜桃糖球／108 芒果—黑糖凤梨泡芙／130 解构—酪梨牛奶／212 柚子巧克力

台南市永康区华兴街 96 号
06-311-1908

Start Boulangerie（斯塔特面包坊）｜ Chef **Joshua**（乔舒亚 主厨）

64 轻巧克力／168 小梗农场／172 森林里有梗

台中市西区明义街 52 号
04-2319-8852

Terrier Sweets（小梗甜点咖啡） | Chef Lewis（路易斯 主厨）

104 树枝

台北市大安区安和路二段 184 巷 10 号
02-2737-1707

WUnique Pâtisserie（无二烘焙坊） | 吴宗刚 主厨

68 秋天／106 黄金泡芙／126 奥利奥／146
英式早餐／148 春天／170 水果篮

台北市中山区明水路 561 号
02-2533-3567

Yellow Lemon（黄柠檬餐厅） | Chef Andrea Bonaffini（安德烈·博纳菲尼 主厨）

58 巧克力金球

台北市大同区承德路一段 3 号
02-2181-9999

台北君品酒店 | 王哲廷 点心房主厨

222 恋艳红橙

台北市信义区松寿路 2 号
02-2720-1234

台北君悦酒店 | Chef **Julien Perrinet**（朱利恩·珀列瓦 主厨）

92 缤纷奶酪／196 法国白桃佐香草冰激凌与综合野莓酱汁／220 马丁尼圆舞曲

台北市中正区忠孝东路一段 12 号 2 楼
02-2321-1818

台北喜来登大饭店安东厅 | 许汉家 主厨

96 无花果优格配野生蜂蜜／140 法式香橙薄饼配冰激凌／150 手工麻糬配日式抹茶甜酱　糖渍甜豆／152 野餐趣／154 莓果奶酪、覆盆子慕斯、古典巧克力／176 野莓果酱汁配冰激凌／218 夏日果香微醺甜酒小品

台北市北投区中和街 2 号
02-2896-9777

北投老爷酒店 | 陈之颖 集团顾问兼主厨、李宜蓉 西点师博

52 焦糖贝礼诗榛果黄金／54 桂花姜味南投龙眼蜜蜂巢／84 童年回忆米布丁及米酒冰激凌

台北市中山区民权东路二段 41 号 2 楼
02-2597-1234

亚都丽致巴黎厅 1930 | Chef **Clément Pellerin**（克莱蒙·佩勒林 主厨）

98 玫瑰绿茶冻／112 覆盆子马斯卡朋泡芙／116 缤纷艾克力／206 缤纷莓果杯

台北市大安区敦化南路二段 201 号
02-2378-8888

香格里拉台北远东国际大饭店｜董锦婷　甜点主厨

74 潘多拉圣诞布丁衬香草咖啡酱汁／76 栗子青苹果布蕾佐樱桃酱／94 覆盆子奶酪　焦糖苹果慕斯塔

台北市信义区松高路 18 号
02-6631-8000

寒舍艾丽酒店｜林照富　点心房副主厨

38 巧克力糖果饺／56 行星＆卫星／72 浓郁巧克力布丁　风干凤梨片／132 改变教父最爱／190 优格冻糕　榛果轻云／198 红酒肉桂炖梨子＆肉桂冰激凌

台北市中山区敬业四路 168 号
02-8502-0000

维多利亚酒店｜Chef　Marco Lotito（马尔科·洛蒂托　主厨）

42 红玫瑰爱的苹果／102 凤梨费南雪／114 玫瑰草莓圣诺黑／118 黑糖荷兰饼／120 意大利杏仁饼巧克力馅／134 西西里康诺利开心果酱

台中市西区五权西四街 114 号
04-2372-6526

盐之华法式料理厨房｜黎俞君　厨艺总监

台北市内湖区金庄路 98 号
02-7729-5000

德朗餐厅｜陈宣达 行政主厨、**李俊仪** 甜点副主厨

图书在版编目（CIP）数据

甜点盘饰 / La Vie 编辑部组编. — 青岛：青岛出版社, 2018.12
（玩美书系）
ISBN 978-7-5552-7868-9

Ⅰ.①甜… Ⅱ.①L… Ⅲ.①甜食 – 制作 Ⅳ.①TS972.134

中国版本图书馆CIP数据核字(2018)第252171号

书　　名	甜点盘饰（玩美书系）
组　　编	La Vie 编辑部
出版发行	青岛出版社
社　　址	青岛市海尔路182号（266061）
本社网址	http://www.qdpub.com
邮购电话	13335059110　0532-68068026
策划组稿	周鸿媛
责任编辑	徐　巍
特约编辑	宋总业
装帧设计	魏　铭　周　伟　王海云　周　凯　沈艳梅　叶德勇
制　　版	青岛艺鑫制版印刷有限公司
印　　刷	青岛海蓝印刷有限责任公司
出版日期	2019年4月第1版　2019年4月第1次印刷
开　　本	16开（710毫米×1010毫米）
印　　张	15
字　　数	200 千
图　　数	1079 幅
书　　号	ISBN 978-7-5552-7868-9
定　　价	88.00元

编校印装质量、盗版监督服务电话　4006532017　0532-68068638
本书建议陈列类别：生活类　美食类